Ghazi El Khidir

Aspectos socioeconómicos do coberto vegetal natural que afectam a comunidade rural

Ghazi El Khidir

Aspectos socioeconómicos do coberto vegetal natural que afectam a comunidade rural

Estudo de caso: Estado do Norte do Nilo Branco

ScienciaScripts

Cover image: www.ingimage.com

This book is a translation from the original published under ISBN 978-620-2-09502-0.

Publisher:
Sciencia Scripts
is a trademark of
Dodo Books Indian Ocean Ltd. and OmniScriptum S.R.L publishing group

120 High Road, East Finchley, London, N2 9ED, United Kingdom
Str. Armeneasca 28/1, office 1, Chisinau MD-2012, Republic of Moldova, Europe
Printed at: see last page
ISBN: 978-620-7-97578-5

Conteúdo

Dedicação

À minha família,

Os meus filhos, as minhas filhas

, os meus irmãos,

E todos os meus amigos genuínos,

Finalmente,

À Universidade de

Bakht Ar Rida.

Agradecimentos

O meu agradecimento e a minha gratidão vão, em primeiro lugar, para Deus Todo-Poderoso.

Hasan A/Rahman Musnad pela sua orientação apreciável, pelas suas sugestões meritórias e pelas suas correcções.

Os meus profundos e calorosos agradecimentos ao Dr. El Amin Sanjak Mohamed, meu co-orientador, pela sua ajuda ao longo das diferentes fases deste estudo e, em especial, pela sua assistência na análise.

Os meus agradecimentos são extensivos à Universidade de Bakht Ar Ruda.

Um agradecimento especial a Mohamed Nour A/Rahim pela sua ajuda na recolha de dados. Um agradecimento especial também para o meu querido e íntimo amigo Hafiz El Amin Makkawi.

Finalmente, os meus agradecimentos à minha família pela sua paciência durante todo o período de estudo. A todos aqueles que contribuíram para este estudo de diferentes formas, bem como a todas as pessoas não mencionadas (especialmente todos os inquiridos nas aldeias de investigação), quero expressar a minha mais calorosa gratidão pela ajuda e generosa hospitalidade.

Ghazi El Khidir Mohamed,

Bakht Ar Ruda, Fev. 2008.

Resumo

Aspectos socioeconómicos do coberto vegetal natural que afectam os meios de subsistência sustentáveis das comunidades rurais

Estudo de caso: Estado do Norte do Nilo Branco.

Este estudo foi realizado na parte norte do Estado do Nilo Branco, que poderia ser considerado, juntamente com outros Estados, como a primeira linha do país contra a deterioração dos solos e a crise ecológica. Existem muitos factores conhecidos em todo o mundo que aceleram a degradação dos recursos naturais. Os principais na região são a população densa e as actividades humanas extensivas que aumentam as dificuldades ambientais da zona semi-desértica, o que exige um estudo de diagnóstico cuidadoso das questões relacionadas com os recursos naturais, juntamente com os sistemas praticados na utilização das potencialidades disponíveis. O estudo teve como objetivo investigar o conhecimento indígena e as ideias recentemente percebidas relativamente à gestão da cobertura vegetal natural. O estudo procurou melhores oportunidades para alcançar a sustentabilidade na utilização das potencialidades naturais disponíveis, tendo em conta as necessidades das gerações futuras.

Foram utilizados dois tipos de dados nesta investigação, nomeadamente: dados primários e dados secundários. Os dados primários recolhidos através de um questionário abrangeram nove aldeias em três localidades diferentes (Mahalyas), nas quais as comunidades rurais foram estratificadas em três grupos, de acordo com a dimensão da população da comunidade, de modo a investigar todas as categorias presentes na área. Os dados secundários foram recolhidos de estudos e arquivos relevantes.

Além disso, a observação ao longo do tempo feita pelos anciãos e os contactos pessoais com fontes de informação chave contribuíram para enriquecer os dados recolhidos. Isto para além da informação de vários relatórios de diferentes instituições governamentais, bem como de ONG e organizações locais que trabalharam durante um período de tempo considerável na área em actividades relacionadas com a cobertura vegetal natural e a subsistência diária das pessoas naturais.

As principais conclusões dos resultados são: o conhecimento indígena foi aparentemente ignorado de forma intencional pelos planeadores de projectos a todos os níveis, pelo que este é um dos principais constrangimentos que se opõem à perceção desejada de qualquer tipo de inovação. A educação como instrumento para facilitar qualquer tipo de desenvolvimento rural foi orientada para a obtenção de oportunidades como funcionários em instituições governamentais e não foi orientada para o alargamento da informação, do conhecimento e das formas de pensar a utilizar para uma melhor compreensão dos assuntos da vida. A prioridade a atingir para uma utilização óptima da cobertura vegetal, de modo a contribuir para o desenvolvimento das comunidades rurais, é sempre baixa. Esta prioridade seria aumentada através de actividades participativas em questões relacionadas com a cobertura vegetal. Uma participação genuína, que englobe todos os grupos que constituem a comunidade, deve ativar o género nas zonas rurais através da educação, de actividades geradoras de rendimentos e do reforço do estatuto económico das mulheres.

As principais conclusões da investigação são: de um modo geral, a investigação recomenda o reforço da educação, pelo menos as escolas básicas devem estar disponíveis e acessíveis a todos os grupos da população rural. Além disso, é necessário reforçar a situação económica através do incentivo às actividades geradoras de rendimentos, como o comércio de produtos da vegetação natural e as indústrias baseadas nas potencialidades da cobertura vegetal.

Os mercados locais poderiam ser organizados para servir como técnicas de armadilhagem (métodos) para todos os lucros e ganhos esperados das indústrias de cobertura vegetal para enriquecer o estatuto económico para melhores oportunidades de desenvolvimento rural.

Outra recomendação é o incentivo à perceção e à adoção de atividades que otimizem o uso da cobertura vegetal acessível para aumentar a renda familiar, mas não a ponto de devastar a cobertura vegetal natural.

Recomendam-se seis passos a seguir no planeamento e implementação de projectos que visem o desenvolvimento das comunidades rurais em questões relacionadas com o coberto vegetal. São eles: Educação, Inovação, Participação e Perceção, Adoção, Equidade e Sustentabilidade (EIPAQS).

É claro que o EIPAQS deve, de preferência, estar ligado ao conhecimento indígena e à informação acumulada sobre o género para um êxito melhor e mais rápido.

CAPÍTULO I

Introdução

1-1 : Antecedentes:

Embora o Sudão seja rico em recursos naturais, especialmente em recursos hídricos, continua a ser pobre quando se mede a utilização óptima destes recursos em relação às necessidades da população. Harrison e Jackson (1958) afirmaram: o Sudão é um país com uma área igual a um milhão de milhas quadradas, ou seja, 2,411 milhões de km^2 . Estende-se a uma distância de norte a sul de 1000 km. Ao longo desta distância, existem sete zonas ecológicas diferentes. São elas: Zona desértica que cobre a parte norte do país, aproximadamente 29 por cento da área. A sua precipitação é inferior a 75 mm / ano. A zona semi-desértica situa-se a sul do deserto, cobrindo cerca de 19% da área do país. A sua precipitação varia entre 75-300 mm / ano. A savana florestal de baixa pluviosidade cobre uma área equivalente a 27% do país e estende-se por todo o Sudão, de leste a oeste, entre as latitudes 10 e 14 graus N, em solos argilosos e arenosos, para além de algumas catenas de colinas. A precipitação varia entre 300-800 mm / ano. A savana de madeira com elevada precipitação cobre 13% da área do país. A precipitação varia entre 800 e 1300 mm / ano. Por fim, as zonas montanhosas ocupam menos de um por cento da área total do país. As montanhas mais importantes do país são: As colinas do Mar Vermelho, Ingasana, montanhas Nuba, Jebel Marra, Imatong e montanhas Didinga.

O deserto e o semi-deserto cobrem uma área de 48% (quase metade da área do país). As savanas de floresta de baixa pluviosidade, somadas às áreas anteriormente mencionadas, perfazem 75% da área do país. Sabe-se que a ecologia destas zonas é caracterizada por temperaturas quentes, pouca chuva e ventos secos de baixa humidade, especialmente no inverno. Os seus solos também se degradaram devido a inúmeros factores. São também conhecidos como ecossistemas secos e, por conseguinte, terras secas. A elevada percentagem da área (75%) aponta para uma população elevada, o que se refere à disponibilidade de água no Nilo Branco e no Nilo Azul, e também devido às capacidades da terra que sustentam a vida das pessoas.

De acordo com o censo de 1998, a população total do país está estimada em 30 milhões, com uma taxa de crescimento de 2,7% ao ano. A maioria desta população vive em zonas rurais (70%). Esta população vive da agricultura, da pecuária e das florestas. Assim, as terras secas não são apenas importantes para a população rural, mas também essenciais e têm um valor vital.

A cobertura vegetal natural, especialmente as florestas que prevalecem nas terras secas, são a principal linha de defesa contra a deterioração da terra e, consequentemente, contra o bem-estar das populações rurais, especialmente quando factores como as condições meteorológicas e os factores climáticos são considerados e adicionados às actividades humanas.

A vulnerabilidade e a fragilidade do território tornam-se uma questão séria devido à elevada pressão demográfica exercida pelas actividades humanas. As necessidades da vida continuam a ser um problema sério sempre que se reconhece um desequilíbrio ecológico. Por conseguinte, é necessária uma relação íntima entre o homem e a natureza para alcançar uma gestão sustentável das florestas naturais disponíveis.

A sustentabilidade não é uma tarefa fácil ou apenas uma palavra para escrever em papéis, é um processo cheio de significado real para descobrir, compreender, adotar e praticar na Terra. Além disso, é um tipo de conhecimento que precisa de ser melhorado e transmitido às gerações futuras.

1-2: Âmbito do estudo:

O coberto arbóreo nas zonas desérticas e semidesérticas não é objeto de planos de gestão há anos. Apesar do facto de 70 % da população ser rural e depender destas florestas naturais abertas. Ibrahim (2002) afirmou: as florestas e as terras florestais (excluindo as zonas protegidas) cobrem 25% da área total do país. As florestas reservadas constituem 4,6% da área total do país, enquanto as florestas reservadas sob gestão sustentável representam apenas 0,2% do total das florestas naturais. El -siddig *et. al.* (2001) declarou que, desde o início da reserva de florestas naturais, nem uma única floresta reservada foi objeto de uma gestão adequada, com exceção das reservas florestais ao longo das margens do Nilo Azul e dos seus afluentes. As actividades humanas, agrícolas, económicas e de criação de gado, são as principais actividades no Nilo Branco. Estas actividades, quando interagem com factores como as flutuações das chuvas e os períodos de seca, persistem e continuam a acrescentar dificuldades à vida rural. Ainda assim, como Barrow (1996) afirmou, as comunidades locais têm uma relação histórica com as suas terras e são geralmente descendentes dos habitantes originais dessas terras. Desenvolveram, ao longo de muitas gerações, um conhecimento tradicional indígena holístico das suas terras, recursos naturais e ambiente. A sua capacidade de participar plenamente nas práticas de desenvolvimento sustentável nas suas terras tende a ser limitada devido a factores de natureza económica, social e histórica.

O isolamento de muitos desses povos (indígenas) significou a preservação de um modo de vida tradicional em estreita harmonia com o ambiente natural. A sua própria sobrevivência tem dependido da sua consciência ecológica e da sua capacidade de adaptação. As populações rurais e o seu modo de vida tradicional em estreita harmonia com o ambiente natural continuam a ser uma questão importante a investigar. Este estudo tem por objetivo destacar, investigar e medir a relação entre a natureza e as pessoas. A sustentabilidade como meta e/ou objetivo final só é possível quando existe voluntariamente e sem qualquer dano, perturbação e/ou deterioração do coberto arbóreo, bem como das capacidades da terra. Para além disso, este estudo procurará melhores condições tanto para as pessoas como para os recursos, encorajando-as a participar de forma positiva e íntima no desenvolvimento do seu ecossistema.

As florestas naturais do Sudão devem ser geridas numa base sustentável, a fim de satisfazer as necessidades das gerações actuais sem esgotar os recursos. Isto só será possível se a questão da participação for abordada de uma forma que vise a gestão participativa. As plantações privadas também poderiam ser adoptadas com o objetivo de minimizar a pressão sobre os recursos naturais existentes.

1-3 : Declaração do problema:

O Estado do Nilo Branco, que faz parte das terras secas do Sudão (semi-deserto), está sujeito a um pesado fardo de acções humanas e interações climáticas. A vulnerabilidade dos solos semidesérticos, devido às caraterísticas ecológicas desérticas, juntamente com as flutuações das chuvas e a sua escassez, colocam a terra em perigo e aceleram a sua deterioração. As terras agrícolas, quando comparadas com as zonas desérticas e semidesérticas, permanecem muito expostas e vulneráveis, uma vez que são afectadas pelo arrastamento de areia, pela perda de fertilidade devido ao cultivo intensivo que resulta numa baixa produtividade das culturas. Estes resultados fazem com que os agricultores adoptem ensaios de compensação que contribuem para a deterioração das terras e para o aumento da destruição do coberto florestal.

O coberto florestal é sempre uma fonte de energia para as populações rurais. A silvicultura é muito importante para a satisfação das necessidades básicas das sociedades em todas as fases de desenvolvimento. Os produtos florestais sob a forma de lenha, carvão vegetal, postes de construção, madeira, gomas, folhas, medicamentos nativos e transformados continuam a ser procurados a níveis variáveis. A cobertura vegetal natural diminuiu de 40 por cento (Harrison e Jackson, 1958) para 19 por cento (FAO, 1995, FNC, 1998). Este facto foi atribuído principalmente à expansão da agricultura, ao pastoreio, à construção e ao consumo de lenha. A procura total de produtos florestais foi estimada em 16,0 milhões de metros cúbicos (FNC, 1994), enquanto que, do lado da oferta, o aumento anual das existências florestais foi estimado em 11,0 milhões de metros cúbicos (FNC, 1998). Isto indica claramente a perda anual do stock de biomassa. A cobertura florestal no Estado do Nilo Branco está a ser objeto de uma exploração irracional que põe em perigo a sua existência. A criação de gado é uma das principais actividades da população local que está sempre ligada à exploração do coberto arbóreo. Especialmente durante as estações secas, onde os animais se acumulam em grande número e em manadas enormes em pequenas áreas junto às margens do Nilo. A capacidade de carga dos animais é sempre muito superior ao potencial que a terra e/ou a área podem tolerar. O resultado é geralmente uma verdadeira perturbação do ecossistema.

Os inconvenientes de tal perturbação do ecossistema podem influenciar outros aspectos da vida, como a alteração da estrutura da comunidade devido à migração e à desintegração da comunidade. Os laços sociais também podem ser postos em perigo devido a tensões económicas. Os factores acima referidos impõem uma verdadeira necessidade de equilíbrio e harmonia entre os recursos e a procura de sustentabilidade.

Os problemas podem ser apontados da seguinte forma:

1- A diminuição do coberto arbóreo resulta numa escassez de produtos e serviços florestais para os habitantes locais.

2- Diminuição da fertilidade dos solos devido à degradação das terras, nomeadamente à erosão.

3- Diminuição das terras agrícolas devido à desertificação e ao arrastamento de areias.

4- As oportunidades de gerar rendimentos familiares a partir das florestas são escassas e, por vezes, inexistentes.

5- A criação de gado está ameaçada devido à diminuição das pastagens, à seca e à escassez de forragem.

6- A posse da terra é um problema grave devido à ambiguidade na propriedade da terra e à procura contínua de terras adicionais para compensar a escassez.

7- As relações da vida social são postas em perigo devido a tensões do estatuto económico.

1-4 : Objectivos da investigação:

Os objectivos gerais deste estudo consistem em conservar os recursos florestais com base nas potencialidades das comunidades locais, aumentar as suas competências e capacidades para gerir as suas florestas naturais de forma sustentável.

Isto para além da investigação das relações tradicionais das populações rurais com o seu ecossistema. O resultado é manipular e melhorar estas relações para alcançar a sustentabilidade da utilização do potencial natural. Mais precisamente, poderiam ser procurados os seguintes objectivos

1- Investigar as potencialidades das populações locais na gestão dos recursos florestais.

2- Explorar a relação entre as populações locais e a vegetação natural.

3- Investigar a existência de organizações locais e as possibilidades de criar novas organizações para a gestão da vegetação natural.

4- Explorar as possibilidades de incorporação dos conhecimentos indígenas na gestão da vegetação natural.

5- Investigar as possibilidades de adoção de uma abordagem participativa em matéria de recursos florestais.

6- Determinar os constrangimentos e os riscos que a participação da população local enfrenta para não adotar intervenções que atenuem a deterioração do coberto vegetal.

1-5 : Hipótese de investigação:

Para abordar a questão da mobilização e sensibilização das comunidades locais para uma abordagem participativa na gestão das florestas, são propostas três hipóteses principais para este estudo:

1- O coberto florestal, quando medido em relação ao consumo rural racional, pode resultar num excedente.

2- A gestão sustentável das florestas naturais pode ser assegurada através da participação.

3- Existe a possibilidade de um sistema integrado de utilização dos solos, de inovações e de novas tecnologias a aplicar no Estado.

1-6 : Importância do estudo:

A disponibilidade de coberto florestal e o equilíbrio do ecossistema significariam, simplesmente, a sustentabilidade da maioria das actividades humanas e a existência de projectos de reabilitação que combatam a desertificação.

A desertificação, como resultado final e derradeiro da utilização desequilibrada dos recursos naturais, especialmente das florestas naturais, conduz à perda de fertilidade do solo, à diminuição da produtividade agrícola (plantas ou produtos animais), ao aumento da pressão sobre os recursos marginais devido ao cultivo contínuo na mesma área.

A insegurança alimentar será um resultado natural da fraca produtividade e, consequentemente, da pobreza. Imigração em massa das zonas rurais para as zonas urbanas e imposição às tribos locais/rurais para que se desloquem de zonas degradadas para zonas com um arvoredo relativamente melhor. Daí o aumento da complicação dos problemas das comunidades e da terra.

CAPÍTULO II

A área de estudo

2-1 : Enquadramento ambiental:

O Estado do Nilo Branco cobre uma extensa área de 40060,45 Km^2. Situa-se entre as latitudes 11 55 48 e 15 10 48 leste. E as longitudes 31 3 e 33 15 10 norte (Africover, 2001). Ver mapa I.

O Estado situa-se a norte do Estado do Alto Nilo, a sul de Cartum e do Estado do Cordofão do Norte, a leste do Estado do Cordofão do Sul e a oeste do Estado de Gezira. (Abdal Muhsin (2oo6).

Com exceção de colinas isoladas, afloramentos rochosos ou dunas de areia localizadas, a paisagem é geralmente plana, com o nível médio do mar raramente a exceder os 500 m. O Estado, para além do curso principal do Nilo Branco, é atravessado por alguns cursos de água sazonais (Khors), o mais famoso dos quais é (Khor Abu-Habil)

A caraterística mais marcante da paisagem é a presença de dunas de areia alongadas que se estendem de norte a sul e alternam com zonas planas e castanhas, que parecem reservatórios de água durante a estação das chuvas (Khareef), quando as águas da chuva se acumulam no fundo destas manchas planas de terra.

2-2 : Solos:

Os principais tipos de solo do estado incluem:

- Solos escuros fissurados (vertisolos): Cobrem a parte oriental e estendem-se dos limites norte a sul do Estado. No entanto, a camada superficial da parte norte dos vertisoles está coberta de concreções negras de carbonato de cálcio e magnésio (Abdel Muhsin, 2006).

Algumas partes estão afectadas pelo sal, ao passo que áreas substanciais estão cobertas por uma deriva arenosa depositada pelos ventos do norte. As áreas aproximadas destas partes, bem como as dos outros tipos de solo mencionados, ainda não foram determinadas (El-Nadi, 2006).

- Dunas de areia estabilizadas e alongadas: Estas dunas ocupam as partes oeste e norte do Estado. Resultam da acumulação de areia, mas foram estabilizadas pelo coberto vegetal.
- Solos arenosos planos: Ao contrário das dunas estabilizadas, os solos arenosos planos

são vulneráveis à erosão eólica mas têm uma boa capacidade de infiltração da água.

- Solos rochosos (solos com superfície de seixos): Estas áreas ocorrem geralmente perto de colinas existentes ou erodidas e não são úteis para fins agrícolas.

- Solos aluviais recentes, vagamente referidos a sedimentos fluviais: Estes solos ocupam faixas muito limitadas ao longo das margens do Nilo Branco em algumas ilhas sazonais durante a baixa do rio (no verão) e ao longo de cursos de água secos (Khors).

2-3 : Clima:

É típica das zonas áridas e semi-áridas. Caracteriza-se por um inverno quente (novembro - fevereiro) com uma média diária de 18 - 28 graus Celsius, mas com ventos secos de baixa humidade, que não excedem os 20%.

A amplitude térmica durante o verão chuvoso ou (Kharief) (julho - setembro/outubro) é ligeiramente mais estreita. A precipitação média anual varia entre 200 e 500 mm e, dentro deste intervalo, a precipitação aumenta para sul (Gaiballa e Farah, 2004). No entanto, é importante notar nesta conjuntura que um ciclo de seca atingiu o Sudão entre outros países africanos e também países sahelianos.

A magnitude deste ciclo de seca foi quantificada por Adam (2000) como sendo uma redução de 19% na área de Gadarif, na região semi-árida do Sudão. Este valor baseou-se na diferença da precipitação média entre os períodos 1941-1970 e 1971-1999. No entanto, Zarroug *et al* (1996) registaram uma redução ainda maior na localidade de Ed Dueim, que se situa na mesma zona semi-árida. A magnitude da redução foi de 31,5% para o período 1921 - 1950 em comparação com o período 1961 - 1990. É de notar, no entanto, que os dois períodos de trinta anos de redução da precipitação não são os mesmos para as duas localidades mencionadas.

As consequências negativas dos ciclos de seca sobre a capacidade de pastagem, a degradação das terras, a morte dos animais, a fome, o abandono das actividades agrícolas de sequeiro e a imigração em massa para as cidades, com a concomitante insegurança pública e pobreza, serão destacadas no debate.

2-4 : Vegetação:

A parte norte do Estado situa-se na zona árida (200-300) mm\ano, e a parte sul situa-se na região semi-árida 300-500 mm/ano. (Zarroug *et a.l* ,1998).

O coberto vegetal está relacionado com a quantidade de precipitação, o coberto vegetal na parte norte é predominantemente constituído por gramíneas de estação curta (efémeras) e árvores *de Acácia* dispersas.

Gaiballa (*1997*) registou as seguintes espécies de árvores:

Acacia mellifera (Kitir*), Acacia nilotica* (Sunt*), Acacia nubica* (Laot), *Acacia senegal* (Hashab), *Acacia tortilis* (Seyal) *var. radiana* (Samur), *Balanites aegyptiaca* (Higlieg), *Calotropis procera* (Usher), *Capparis deciduas* (Tundub), *Combretum glutinosum* (Habeel), *Leptadenia pyrotechnica* (Marekh), *Maerua crassifolia* (Sareh), *Ziziphus spinachristi* (Sidir).

Gaiballa também mencionou as gramíneas e ervas nos seguintes pontos

Aerva javanica (Gibbaish), *Aristida palida* (Um-Simaima), *Aristida spp.* (Gaw), *Blepharis imeriiformis* (Beghail), *Cassia senna* (Sena makka), *Cenchrus biflorus* , *Cenchrus cilliaris, Colocynthus valgaris* (Handal) *Crotalaria spp.* (Tag Taaga), *Chrozophora brocchiana* (Argassi), *Cymbopogon nervatus* (Nal), *Cymbopogon proximus* (Maharaib), *Dactyloctenum aegyptium* (Abu Asabi), *Eragrostis tremula* (Banu), *Farsitia* longisilqua (Dehayan*), Panicum turgidum* (Tumam), *Sesamum alatum* (Simsim Aljimal), *Echinochloa colonum* (Difra), *Abutilon pannosim* (Hambouk*), Xanthium brasilium* (Rantouk) e *Sorchus cornutus*

(Molaita).

A parte sul é naturalmente favorecida por uma maior diversidade de espécies de pastagem e de arbustos, incluindo as duas espécies importantes de goma-arábica, nomeadamente *a Acacia senegal.* As árvores de ocorrência comum e úteis como árvores de fruto silvestres são (Sidir) e Higlieg).

Predominam diversas outras Acácias, sendo a mais comum a (Kitir). As espécies de pastagem são maioritariamente gramináceas (gramíneas) e algumas dicotiledóneas.

2-5: Utilização do solo e actividades económicas:

A utilização das terras na parte norte do Estado do Nilo Branco, como sempre acontece nas zonas semi-áridas do Sudão, esteve sujeita durante séculos a um sistema único de utilização das terras. Originalmente, as tribos que se estabeleceram nesta zona são árabes e são pastores, praticando também, em certa medida, a agricultura.

Quando estes factos sociais são confrontados com a zona ecológica que é maioritariamente alimentada pela chuva, com solos arenosos, fragilidade e vulnerabilidade à erosão e à desertificação, surge um certo padrão adequado de utilização das terras.

A maior parte das vastas áreas da margem ocidental do Nilo são utilizadas como pastagens. Os solos pobres são adequados apenas para culturas de curta duração. O painço é a principal cultura, para além do sésamo. O cultivo itinerante é praticado em pequena escala. Os solos arenosos são considerados uma vantagem quando se olha para o curto período de precipitação, pelas suas caraterísticas de absorção e capacidade de retenção de água. As suas propriedades, como a facilidade de trabalho, também são consideradas um benefício para apoiar as culturas, maximizando o uso de pequenas quantidades de água. Outros tipos de solos, como os aluviões e as argilas entre as planícies arenosas ou gozes, embora sejam ricos em nutrientes, são utilizados para as culturas em menor escala. As culturas de sorgo, melancias e pepinos são plantadas em solos baixos, planos e semelhantes a reservatórios no final da estação das chuvas, aproveitando os ventos frios do início do inverno. Os solos argilosos e os vertisolos ao longo das margens do Nilo Branco são utilizados pelos agricultores sedentários e pelos habitantes para praticar a agricultura de regadio. Os projectos agrícolas começaram no início dos anos 1930. Eram geridos pelo governo, mas agora são geridos por comités locais.

Recentemente, surgiram muitos problemas devido à falta de capacidades de gestão, de organização dos domínios de tarefas, de conhecimentos adequados para gerir os serviços públicos e à falta de visões e ambições futuras. A parte oriental da área é adjacente a um dos maiores esquemas agrícolas do Sudão. A maior parte das experiências agrícolas provém desse projeto. Para além da utilização da água de drenagem dos canais principais para ser utilizada em regimes hídricos especiais. Esta prática de utilização dos solos pode ser considerada como uma fase de transição entre as práticas agrícolas de sequeiro e de regadio.

A criação de gado vivo e de animais é dominante em toda a região. Quando se compara esta prática com a das tribos nómadas do norte do Cordofão, que criam predominantemente camelos e vacas, surge um padrão especial. O número de animais aumenta enormemente durante os meses húmidos e chuvosos do ano. Este padrão de criação de animais é difícil de controlar, tanto em termos de número como de comportamento. O resultado é uma degradação drástica dos recursos naturais e das propriedades do solo, o que, naturalmente, afecta a vida rural das comunidades locais.

2-5-1: Sistemas de cultivo de culturas:

No Estado do Nilo Branco, são conhecidos os seguintes tipos de culturas.

2-5-1-1: Regimes de agricultura de regadio:

No início da década de 1930, foram iniciados nove projectos agrícolas nas margens do Nilo Branco. Os solos são predominantemente vertisols. Os solos são adequados para o algodão e o sorgo. Foram geridos pelo Ministério da Agricultura durante cerca de 70 anos, em conformidade com a política nacional. Atualmente, são geridas pelos habitantes locais para satisfazer as necessidades locais das comunidades.

2-5-1-2 : Goz farming:

As terras de Goz, de solos arenosos, são sempre propriedade das comunidades locais. Estas terras são herdadas pelos habitantes dos seus antepassados. Todos os membros da família praticam a agricultura e ajudam em todas as operações. As culturas que se sabe serem plantadas são de curta maturação devido à escassez e flutuação das chuvas. A fertilidade dos solos é consideravelmente baixa, pelo que a produtividade das culturas não é geralmente suficiente para o consumo familiar, razão pela qual se pratica a agricultura itinerante. A compra de cereais alimentares adicionais é parcialmente obrigatória.

2-5-1-3 : Agricultura em terraços:

A agricultura em socalcos é muito importante para a presença de declives, como se vê na área devido à topografia que é criada por dunas de areia alongadas em formas de terra alternadas com áreas planas de vale.

As baixas quedas de chuva retidas pelos solos em socalcos aumentam a infiltração para maximizar a utilização da água. Os solos em socalcos são normalmente misturados com solos de aluvião transportados pela água, pelo que são suficientemente férteis para uma melhor produtividade das culturas agrícolas. Por conseguinte, a agricultura em socalcos é uma prática agrícola alternativa para compensar a escassez de culturas alimentares.

2-5-1- 4 : Agricultura de planícies argilosas:

Este tipo de prática é utilizado entre as dunas de areia. As áreas eram planas, baixas e, por vezes, pareciam lagoas de reservatório. A água da chuva escorre das partes mais altas, ao longo das encostas, movimenta os nutrientes e acumula-os no fundo dos vales. As culturas aproveitam a quantidade considerável de nutrientes e água. O tempo é favorável à plantação, mas cria algumas dificuldades de riscos de inundação quando se tem em conta a instabilidade das chuvas. As culturas são, portanto, escolhidas para se adaptarem às épocas tardias de chuvas e que enfrentam invernos precoces. Para além das aves, as pragas e as doenças também constituem um perigo quando se plantam pequenas áreas. Um grande número de animais pode pôr em perigo estas plantações quando se considera a escassez de chuvas.

2-5-2 : Criação de gado:

A prevalência de condições semi-áridas indica que a pastelaria de gama para as partes do norte do Estado do Nilo Branco. Este tipo de prática é uma tradição de séculos entre os habitantes locais. A maior parte das famílias, se não todas, possui e cria diferentes tipos de animais em número variável. Estes animais incluem gado bovino, camelos, cabras, ovelhas e burros, considerando que certos tipos de animais, como as vacas e os camelos, eram tradicionalmente possuídos em número ilimitado. Isto constitui um verdadeiro problema quando o número de animais se torna enorme. A maior parte dos membros do agregado familiar deve ajudar a tratar destes animais. Este é também um problema real quando o número de animais excede o que a área pode tolerar. A desertificação, a degradação das terras, o analfabetismo e o nomadismo são consequências finais e inevitáveis do comportamento dos habitantes locais.

2-5-3 : Outras actividades:

As outras actividades na zona são diversas, mas as que têm um efeito direto sobre os habitantes locais estão ligadas a alguns factores. O mais importante deles é o analfabetismo. As mulheres analfabetas são em grande número. O Sudão tem uma elevada percentagem de analfabetismo no que respeita à educação das mulheres, de acordo com um documento da FAO, citado pela AOAD (1996), que atinge 82,2% nas zonas rurais. Por conseguinte, não há muitas possibilidades/oportunidades para melhores actividades económicas ou empregos. Os postos de trabalho, como o emprego público, são escassos. As actividades lucrativas limitam-se à contratação de mão de obra e às actividades ligadas aos recursos naturais, especialmente às florestas. 2-5-4 : Indústria caseira:

A indústria caseira está fortemente ligada à questão do género. Factores como a estrutura da comunidade, a percentagem de mulheres, a percentagem de educação entre as mulheres, são factores que afectam consideravelmente as actividades dentro dos agregados familiares. Isto pode ser orientado de forma positiva para servir o rendimento do agregado familiar e pode melhorar a situação económica de todas as comunidades rurais. As actividades da indústria caseira que são tradicionalmente herdadas podem envolver o seguinte:

1- Esteiras ou tapetes locais, designados localmente por "Buroush".

2- Embarcações e contentores locais "Guffas".

3- Cordas locais.

4- Materiais para a construção de cabanas e vedações de casas.

5- Diferentes manípulos de equipamentos locais e equipamentos de cozinha.

6- Refrigerantes, alimentos e compotas locais.

A concentração e o encorajamento das actividades praticadas pelas mulheres activariam o rendimento das famílias que dependem dos recursos naturais. Isto contribuiria fortemente para o bem-estar de toda a comunidade.

2-6 : População:

De acordo com um relatório (2004) da localidade de *Ad-Dueim*, a população total é de 425976 pessoas distribuídas por cinco unidades de gestão. Estas são: *At- Tadamon, Ad-Dueim, Shabasha*, *Al-Wohda* e Um-Rimta.

A localidade de *Al Giteina* está dividida em quatro unidades: São elas *Al-Giteina*, a zona rural de *Al-Giteina*, *Asheikh Assidieg* e *Al-Kawa*.

Tal como todas as comunidades locais do Sudão, as comunidades rurais do Estado do Nilo Branco apresentam caraterísticas demográficas semelhantes. As seguintes caraterísticas dos agregados familiares podem ser reconhecidas:

1- O número de habitantes das aldeias varia entre 450 e 4329 e entre 90 e 526 pessoas e casas, respetivamente.

2- A média da dimensão das famílias é de 7,5 pessoas, com uma variação de 52,7% de homens e 47,3% de mulheres.

3- A idade média do chefe de família é de 45 anos, com intervalos de 37 anos, o que indica a ocorrência de casamentos precoces.

Os projectos de florestação executados no Estado do Nilo Branco durante o período (891992), apoiados pela Finnida, definiram as comunidades rurais como beneficiários diretos ou aldeias que vivem em comunidades ou aldeias de 500-5000 pessoas, dispersas por uma vasta área em aldeias situadas a uma distância de 3 a 5 km.

2-7 : Tribos locais do Norte do Estado do Nilo Branco:

As comunidades locais da parte norte do Estado do Nilo Branco apresentam um grau de homogeneidade muito elevado. As tribos da região são estáveis há séculos. Esta forte coesão e relação pode dever-se obviamente à forma tradicional de herdar a liderança existente. Os laços familiares são estáveis durante gerações. Uma série de grandes famílias goza de liderança e respeito social durante gerações. *Os xeques* e *os omdahs* continuam sempre a ser escolhidos na mesma tribo e nas mesmas famílias. Os casamentos restringem-se maioritariamente à mesma família ou, pelo menos, à mesma tribo. Esta estrutura homogénea das comunidades locais raramente foi afetada no passado, mas recentemente, há 10 a 20 anos, foi afetada pela migração dos jovens ou pelo casamento de pessoas de fora das famílias. Por conseguinte, reconhece-se uma ligeira mudança na estrutura da comunidade. As principais tribos da região podem ser representadas da seguinte forma:

Hissinnat, *Hassania, Kawahla, Shenabla, Shewehat, Kurtan, Ja'alyeen, Shaygia, Shankhab* e *Beni Jarrar.* Existem também grupos menores de tribos como *Kababeesh, Jawam'a* e *Majaneen*, originários do norte do Cordofão.

2-8 : Instalação da comunidade local e estrutura administrativa: 2-8-1 : Instalação da comunidade local :

Existem vários tipos de serviços, dos quais se destacam os seguintes:

2-8-1-1 : Religião: As mesquitas e os *Khalwas* predominam na região. Algumas aldeias têm duas mesquitas ou mesmo mais. Outras têm *Khalwas*. Isto reflecte a forte herança religiosa da região.

2-8-1-2 : Educação: Existem escolas básicas em todas as aldeias. Raramente, na ausência de serviços básicos, como a água, não se encontram escolas. Existem também escolas mistas. As escolas são por vezes partilhadas entre mais de duas aldeias quando as distâncias são curtas.

Os principais constrangimentos nas escolas básicas podem ser enumerados da seguinte forma:

a\ Falta de edifícios adequados em número suficiente. b\ Escassez de mobiliário.

c\ Inadequação dos professores. d\ Inadequação dos livros.

e\ Insuficiência de supervisão. f\Inadequação dos salários.

g\ Prevalência do género entre os professores.

As comunidades locais desenvolveram esforços consideráveis para resolver os constrangimentos. A complexidade do alojamento e da alimentação das professoras pode ser resolvida através de um alojamento separado. O pagamento dos salários e da alimentação também é assegurado pelos aldeões para garantir a sustentabilidade do ensino dos seus filhos.

As escolas secundárias encontram-se em aldeias ou cidades relativamente grandes. Servem toda a área para o ensino masculino e feminino. Existem também escolas privadas, mas em número reduzido. Nem todas as pessoas das zonas rurais podem pagar os estudos, o que, a longo prazo, pode constituir um fator de impedimento a qualquer esforço ou mecanismo de desenvolvimento. Recentemente, foram criadas duas universidades no Estado: a *Bakht-Arrrida* e a *El Imam El Mahdi*, situadas nas cidades de *Ed Dueim* e Kosti.

2-8-1-3 : Saúde: Existem unidades de saúde em todo o território do Estado. Algumas aldeias, sobretudo as mais afastadas, não dispõem deste serviço. Os doentes têm de ser transportados a longas distâncias para as cidades mais próximas. Como em todas as comunidades do Sudão, os casos especiais de doentes têm de ser transportados para a capital do país e, por vezes, para o estrangeiro. Isto está muito ligado à situação económica da família.

2-8-1-4: Serviços veterinários: Notavelmente, as estações de serviço veterinário são poucas em comparação com o enorme número de animais encontrados no estado e especialmente na parte norte. A insuficiência de medicamentos e a falta de instalações são sempre um constrangimento. Os criadores de gado alfabetizados costumavam contactar as enfermeiras veterinárias ou, por vezes, comprar eles próprios os medicamentos necessários para tratar os seus animais.

2-8-1-5 : Mercados semanais: Os mercados semanais constituem um meio fiável para a aquisição das necessidades básicas dos habitantes locais. É também um meio adequado para comercializar as suas produções e fornecimentos locais. Existem mercados entre as aldeias quase todos os dias da semana. Cada aldeia tem a possibilidade de organizar um mercado uma ou duas vezes por semana.

2-8-2: Estrutura administrativa das comunidades rurais:

Os laços tribais e as grandes famílias detêm e governam a liderança das comunidades locais. Durante séculos, certas famílias foram escolhidas para serem governantes/líderes. Os

Omoudiyas e *os Sheikhs* seguem as mesmas regras. *O Omdah* é a autoridade responsável pela resolução dos problemas e pela manutenção da segurança nas aldeias. É também responsável pela cobrança de impostos e pela mediação na resolução de litígios, juntamente com outros anciãos da comunidade. Também representa a comunidade perante o mundo exterior ou perante o governo.

2-8-2-1: Instituições comunitárias:

Estas são socialmente organizadas ou politicamente criadas. As instituições socialmente organizadas assentam em relações tradicionais. O peso tribal, a riqueza e a viabilidade social das fundações sociais. O Sheikh é uma das instituições das fundações sociais. Normalmente, gere os assuntos da aldeia com a ajuda de alguns anciãos dos aldeões que são socialmente respeitados.

As organizações criadas politicamente são as iniciadas pelo regime governamental, abrangendo os comités de salvação da população, os conselhos rurais, as uniões de mulheres e jovens e as sociedades religiosas. Estas organizações são criadas para promover determinadas políticas e programas governamentais. Actuam como facilitadores da administração local. A seleção dos indivíduos para estas instituições baseia-se em critérios individuais, tribais, de riqueza, de conetividade e de liderança. É normal que uma pessoa possa ser membro de mais do que um comité, o que faz com que as regras de liderança na comunidade se restrinjam a um pequeno número de membros. As instituições são semanalmente lentas nas suas actividades e, por vezes, não têm poder para exercer influência sobre os membros da comunidade.

2-8-2-2 : Agências governamentais:

- Agências de administração:

Atualmente, os órgãos de cooperação responsáveis são os *Mahaleya* e os conselhos rurais. Estes têm a seu cargo todas as actividades dos programas de desenvolvimento, bem como a elaboração dos orçamentos e a geração dos fundos necessários. Os departamentos técnicos estão representados nos conselhos como uma relação oficial para gerir o trabalho comunitário.

- Agências de promoção da produção:

- Simultaneamente, a Companhia Agrícola do Nilo Branco é responsável pelos projectos agrícolas. A Autoridade dos Serviços Agrícolas do Nilo Branco, atualmente sob a alçada do

Mahaleya ou *Mo'tamad*, é responsável por alguns projectos. Outros programas são geridos por comités locais.

- O Departamento de Agricultura está mandatado para promover a agricultura, irrigada e de sequeiro, organizando as actividades relacionadas com este sector, resolvendo questões relacionadas com a posse da terra, facilitando os factores de produção, fornecendo serviços de proteção das plantas, serviços agrícolas, etc. ....

- FNC (Forests National Corporation), responsável pela proteção, florestação e desenvolvimento deste sector.

- Administração das pastagens e dos campos encarregada da proteção e da melhoria das pastagens e dos campos. Atualmente, a sua principal atividade é a abertura de linhas de fogo.

- Administração dos Recursos Animais, com responsabilidades na promoção da saúde e da produção animal. A vacinação anual do gado contra as doenças é a sua principal função.

- Corporação da água encarregada do desenvolvimento, gestão e manutenção das fontes de água rurais.

- **Agências de desenvolvimento social:**

A Administração da Educação é responsável pelas escolas e pelos programas educativos conexos, incluindo a educação para a literacia. A Administração dos Serviços de Saúde é responsável pela promoção de serviços de saúde preventivos e curativos.

2-8-2-3 : Organizações estrangeiras:

- A ADRA, uma ONG mandatada para o desenvolvimento comunitário, iniciou as suas actividades na zona de Ed-Dueim em meados da década de 1980 e está atualmente a encerrar as suas actividades. Os projectos executados incluíam um programa de alimentação suplementar na altura da fome de 1984, pequenas empresas e um programa de bombas manuais.

- Programa intensivo de mão de obra da OIT, iniciado em meados da década de 1980 e recentemente concluído. Concentrou-se na melhoria das fontes de água da comunidade, em alguns serviços comunitários e na melhoria do ambiente.

- O Projeto de Serviços Agrícolas do Nilo Branco (WNASP), que é apoiado pelo FIDA "Fundo Internacional de Desenvolvimento Agrícola", teve início em 1994 e visa promover a agricultura dos pequenos agricultores. Atualmente, está a ser gradualmente abandonado.

- O Projeto de Desenvolvimento Rural do Nilo Branco "WNRDP" começou no início da década de 1980. Concentrou-se na reabilitação da faixa de Goma Arábica, na melhoria do ambiente e na melhoria dos serviços comunitários como as fontes de água (Hafiers). Concluiu o seu programa.

- Plan International: Plan Sudan. Concentra-se na melhoria dos serviços comunitários, nas escolas, no reforço das capacidades da população rural e nas actividades de melhoria do ambiente.

CAPÍTULO III

Revisão da literatura

3.1. Geral:

As eco-zonas do Sudão foram inteligentemente definidas por Harrison e Jackson, das quais o deserto e o semi-deserto atingem 48,8% da área total do país. Com uma área igual a 1217295 km2 (Harrison e Jackson, 1958), quase metade da área total do Sudão é altamente povoada. Abrange sobretudo cidades e províncias como a capital, a província de Cartum, com 1072253 pessoas, a província de Omdurman, com 1432016 pessoas, e Sharq An-Neil, com 1007875 pessoas (Departamento de Estatística, 1993). Outras grandes cidades como Wad-Medani e Kosti e os arredores densamente povoados dessas cidades e vilas. Isto indica, naturalmente, o forte impacto que a população pode exercer nas zonas secas.

O quadro seguinte dá uma ideia do grau de dependência da população rural em relação às florestas naturais. Os números mostram o consumo total e per capita de produtos florestais por Estado, em metros cúbicos/ano.

O Estado do Nilo Branco, particularmente a sua parte norte, é conhecido por ser a primeira linha de defesa contra a invasão do deserto em direção ao sul. Uma forte oposição à invasão do deserto e à desertificação seria notável e eficaz sempre que fosse assegurado o envolvimento dos habitantes locais, como partes interessadas, no planeamento, utilização, colheita e gestão dos seus recursos florestais naturais. A sinergia entre as políticas governamentais e o conhecimento local das populações rurais culminaria em passos largos em direção à sustentabilidade das potencialidades florestais.

Tabela (3:1): Consumo de produtos florestais por Estado em metros cúbicos.

Estado	Consumo total	Consumo per capita
Norte	289076	0.54
Kasala	843433	0.67
Gedarif	566458	0.71
Cartum	2901515	0.76
Gezira	1775065	0.64

Sennar	913237	0.83
Nilo Branco	745438	0.57
Nilo Azul	507595	1.03

Fonte: FAO, (1995).

3.2. A visão do mundo para a gestão dos recursos florestais naturais e das comunidades locais:

A declaração da Cimeira da Terra-Rio e os princípios florestais (1992) asseguraram que : Os recursos florestais e as terras florestais devem ser geridos de forma sustentável para satisfazer as necessidades humanas sociais, económicas, culturais e espirituais das gerações presentes e futuras. (Abdelsalam,2004). Estas necessidades dizem respeito a produtos e serviços florestais, tais como madeira e produtos de madeira, água, alimentos, forragens, medicamentos, combustível, abrigo, emprego, lazer, habitat para a vida selvagem, diversidade paisagística, sumidouros e reservatórios de carbono e outros produtos florestais. Deverão ser tomadas medidas adequadas para proteger as florestas contra os efeitos nocivos da poluição, incluindo a poluição atmosférica, os incêndios, as pragas e as doenças, a fim de manter a totalidade dos seus valores múltiplos (U.N.C.E.D, 1992).

A gestão florestal tradicional limita-se frequentemente à manutenção dos tipos de coberto florestal existentes. John, K. (2004) referiu que, na gestão das florestas naturais, é necessário compreender e considerar os factores e as condições que controlam as alterações e a dinâmica das florestas para alcançar os resultados de gestão desejados. A compreensão da dinâmica das florestas naturais numa determinada região deve ser a base de todas as acções de gestão (Abdelsalam, 2004).

Também se diz: "Uma melhor compreensão das caraterísticas ecológicas das espécies individuais e da dinâmica florestal no contexto da qualidade ou do tipo de sítio florestal permite aos gestores identificar uma gama mais vasta de alternativas para atingir os objectivos" (John, k. 1997).

King (1978) afirmou que a silvicultura para o desenvolvimento da comunidade local é uma nova política orientada para as pessoas adoptada pela FAO, cujo objetivo é elevar o nível de vida dos habitantes das zonas rurais, envolvê-los no processo de tomada de decisões que afectam a sua própria existência e transformá-los em cidadãos dinâmicos capazes de contribuir para uma vasta gama de actividades a que estavam habituados e das quais serão beneficiários diretos. A silvicultura para a comunidade local é, por conseguinte, sobre as populações rurais e para as populações rurais. (Garforth, C. 1982).

A gestão local precisa de ser negociada entre os vários actores envolvidos, sendo fundamental essa negociação entre os grupos de interesse. Para manter a dinâmica, há que ter em conta uma grande variedade de instituições comunitárias, a sua liderança, as regras e os mecanismos de aplicação; um quadro regulamentar em evolução é tão importante como o processo de mudança local.

Começam a surgir sinergias entre políticas e projectos que visam a gestão local. É evidente que a gestão das florestas naturais e das terras arborizadas, tal como foi concebida no passado pelos serviços governamentais e pelas agências doadoras, não é eficaz nem sustentável sem contributos externos muito maiores do que os que provavelmente estarão disponíveis. Kerkhof (2000) observou que, por conseguinte, a gestão em grande escala dos recursos florestais no Sahel, para ser realizada, exigirá uma partilha de responsabilidades e um novo contrato social entre os governos e as comunidades locais. O facto encorajador é que os ingredientes de tal contrato estão a tornar-se cada vez mais claros. (Paul, K.2000).

3.3. Conservação da Biodiversidade e Desenvolvimento das Populações Locais:

A conservação da biodiversidade está a tornar-se uma abordagem cada vez mais popular e começou a atrair agências internacionais na década de 1990. Apesar dos numerosos projectos de ONG nos últimos anos, continua a ser difícil encontrar exemplos bem sucedidos e convincentes em que as necessidades de desenvolvimento das populações locais tenham sido efetivamente conciliadas com a conservação da biodiversidade (Michael, P Wells, 1995). Deve agora ser dada prioridade à procura de formas experimentais de traduzir esta abordagem em acções mais eficazes no terreno, talvez através de um processo de aprendizagem experimental a longo prazo em matéria de conservação e desenvolvimento sustentável. Os pequenos projectos de conservação participativa, especificamente se empreendidos de forma sistemática, podem testar e aprender com as experiências no terreno, o que parece promissor a nível local. Esta abordagem deve também centrar-se na aprendizagem e na demonstração do potencial de mudança sistemática, mais do que na resolução de problemas imediatos específicos do local. É improvável que o atual fascínio pela conservação da biodiversidade e pelo desenvolvimento económico sustentável continue indefinidamente sem alguma demonstração tangível de progresso (Wells, 1995).

O desenvolvimento sustentável, do qual o elemento mais importante é a conciliação do desenvolvimento económico com a conservação da biodiversidade. Este problema é particularmente grave nas zonas rurais remotas dos países em desenvolvimento, onde a biodiversidade está concentrada e onde a pobreza tende a ser generalizada. Isto deve-se também, em parte, ao facto de ecossistemas frágeis e únicos estarem a ser degradados ou convertidos para utilização agrícola em grande escala nas zonas locais. Esta tendência é exacerbada por políticas que incentivam a conversão de terras e a exploração de recursos, bem como pela falta de informação sobre o valor económico da conservação da biodiversidade. É de pouco interesse se os indivíduos que tomam decisões sobre o uso da terra não forem capazes de captar os benefícios económicos da conservação (Pearce et al, 1993). Cada vez mais se reconhece que não é politicamente viável nem eticamente justificável tentar negar aos pobres o uso dos recursos naturais sem lhes proporcionar meios alternativos de subsistência. Conseguir a cooperação e o apoio da população local surgiu como uma das principais prioridades da conservação da biodiversidade (McNeely et al, 1990). Assim, um número crescente de projectos-piloto de demonstração foi lançado nos países em desenvolvimento com o objetivo de associar a conservação da biodiversidade a melhorias no bem-estar humano (McNeely, 1988).

Liderados por ONG internacionais de conservação, estes projectos têm-se baseado sobretudo em estratégias inovadoras de utilização da terra, incluindo reservas da biosfera, áreas de conservação de utilização múltipla, zonas-tampão nos limites das áreas protegidas, reservas extractivas, silvicultura social e uma variedade de outras abordagens participativas. Estas abordagens participativas, que ligam a conservação da biodiversidade ao desenvolvimento social e económico local, atraem projectos internacionais, a tal ponto que raramente se encontra um projeto de gestão florestal que não fale de participação local ou que não ligue a conservação ao desenvolvimento (Brandon, 1992).

3.4. Importância da gestão florestal comunitária:

As primeiras estratégias de gestão florestal, como é sabido, centraram-se principalmente na gestão científica das plantações de acordo com as práticas florestais europeias. Este facto reforça a mesma ideia que Paul (2000) afirmou: [th]Os primeiros serviços florestais coloniais importaram as novas técnicas florestais de base científica desenvolvidas na Europa durante o século XIX.

Estes baseavam-se em sistemas burocráticos fortemente centralizados e negavam às populações locais muitos dos seus direitos tradicionais sobre as suas terras florestais locais. Durante muitas décadas, esta estratégia revelou-se incorrecta. As populações locais do Sudão desenvolveram, durante muitas décadas, os seus próprios sistemas de gestão local dos seus recursos naturais, especialmente das florestas naturais. Estes sistemas revelaram-se estáveis desde que não fossem influenciados por factores externos adversos que ameaçassem a sua existência e equilíbrio. A principal razão foi o isolamento das comunidades rurais dos seus recursos. As tradições também eram muito distintas e diferentes das dos europeus.

Recentemente, a consciência ambiental cresceu na década de 1980 e continua a crescer entre a população rural e os decisores políticos, que se aperceberam amplamente da ameaça de desertificação resultante da má gestão dos recursos naturais da terra arborizada.

Os serviços florestais lidaram de forma crucial com as ameaças ambientais e energéticas, solicitando avidamente a assistência dos doadores sob a forma de aconselhamento técnico e recursos financeiros. Isto resultou no fracasso quase total do projeto. A solução foi procurada sob a forma de opções mais eficazes e menos dispendiosas. Foram envidados esforços no sentido de envolver as comunidades locais em exercícios comunitários de cultivo de árvores, tais como quebra-ventos, bosques e criação de outras práticas florestais.

A verdadeira evolução no sentido de um maior envolvimento das comunidades locais na gestão das suas florestas e bosques verificou-se na década de 1990. Reforçar a participação da comunidade na gestão das suas florestas naturais, no sentido de uma verdadeira sustentabilidade, é considerar uma grande ênfase na facilitação de uma governação local genuína (Kerkhof, 2000) baseada no reconhecimento da diversidade dos interesses dos detentores de partes interessadas na gestão dos recursos florestais locais. Paul (2000) insistiu: 'se as florestas naturais devem ser geridas eficazmente, isso terá de ser feito numa base voluntária pelas comunidades locais que operam dentro de certos condicionalismos e restrições acordados'. A gestão local tem de ser negociada entre os vários actores envolvidos. Esta negociação entre os grupos de interesse é fundamental. O que é racional para o silvicultor ou para o fornecedor urbano de lenha não é necessariamente racional para o agricultor, o pastor, o artesão que trabalha a madeira ou a mulher que colhe frutos e outros produtos da terra lenhosa. Só através da negociação entre estas várias partes interessadas é que se pode desenvolver uma base para uma gestão local racional e eficaz. É igualmente necessário um sentido de equilíbrio entre as instituições nacionais e na sua relação com o governo local.

3.5. Serviços florestais e herança de sistemas tradicionais de gestão florestal:

Os serviços florestais coloniais importaram as novas técnicas de silvicultura de base científica desenvolvidas na Europa. Na realidade, os recursos florestais do Sudão têm a sua própria identidade, bem como as comunidades locais. Os sistemas recentemente introduzidos negaram fortemente às populações locais e aos seus direitos tradicionais sobre as suas terras florestais locais. Após a independência, as tradições continuaram e foram ainda mais centralizadas, com os serviços florestais a ganharem poderes tradicionais sobre as populações locais e a criarem meios alargados de extração de rendimentos. Esta longa tradição de opressão por parte dos serviços florestais é um dos principais obstáculos a uma verdadeira responsabilidade comunitária em muitas áreas. (Paul, 2ooo).

As mudanças políticas ocorridas na década de 1990 levaram ao reconhecimento da gestão florestal pelas comunidades rurais. Há muito por fazer, mas um novo contrato social está a tornar-se evidente e encorajador. Desde que as instituições de gestão sejam bastante representativas dos principais utilizadores das terras, o controlo local acaba por ser mais sensível às fortes flutuações ecológicas e económicas que caracterizam a região.

Kobail (1984) declarou que, "em resposta ao declínio dramático da cobertura florestal e à ameaça crescente de desflorestação, foi efectuada uma revisão do sector florestal (1984-1986) que conduziu a uma série de desenvolvimentos legislativos que tiveram repercussões no sector florestal do Sudão. Estes incluem a declaração da política florestal de 1986, cujo principal objetivo era a reserva e o desenvolvimento dos recursos florestais para efeitos de produção, proteção ambiental e satisfação das necessidades das populações em termos de produtos florestais. A política florestal de 1986 implicava o reconhecimento e o incentivo à criação de florestas comunitárias, privadas e institucionais.

3.6. A terra de madeira nas estratégias de sobrevivência da família:

No passado, as populações locais, que são, de facto, o fator-chave a envolver nos sistemas de gestão das florestas naturais, foram totalmente negligenciadas. As autoridades florestais concediam as licenças de corte a comerciantes estabelecidos na cidade. Isto significava que quaisquer benefícios dos esforços de gestão local em termos de maior produtividade das florestas iam para pessoas de fora e não para a comunidade local. Paul Kerkhof (2000) afirmou: 'As estratégias de sobrevivência no Sahel, especialmente no norte, são necessariamente oportunistas, reflectindo as circunstâncias variáveis em que as famílias se encontram. Isto é amplamente reconhecido no caso da pastorícia nómada, mas é igualmente caraterístico das comunidades agrícolas. Kerkhof continuou: a produção agrícola é altamente variável e é frequentemente insuficiente para satisfazer as necessidades alimentares das famílias de agricultores. Recorre-se a uma série de oportunidades económicas complementares, como a migração temporária ou a longo prazo, o pastoreio e a exploração florestal, constituindo, de facto, uma forma de nomadismo económico.

Assim, nem sempre é correto centrar-se na produção de lenha como o objetivo principal da gestão florestal, mas embora esta possa ser a fonte de rendimento mais importante em algumas áreas, noutras não o é. Além disso, a importância relativa atribuída à produção de lenha em comparação com a agricultura, a criação de gado e outras actividades em qualquer área particular pode variar muito com o tempo e as circunstâncias. A criação de animais vivos, que é frequentemente negligenciada ou considerada como um problema a resolver na gestão das florestas, pode desempenhar um papel particularmente importante.

3.7. Comunidades Locais e Sistemas Agroflorestais Tradicionais e Recentemente Percebidos:

A produção alimentar sustentável depende de um ambiente favorável e estável (FAO, 1990), e as florestas e as árvores podem ter um impacto profundo no ambiente a vários níveis (Methier, 1990). As florestas e as árvores podem ajudar a preservar a integridade das terras agrícolas, protegendo o solo da erosão e estabelecendo encostas e outras áreas frágeis (Hamilton, 1998).

"Agro-silvicultura é um nome coletivo para sistemas e tecnologias de uso da terra em que as plantas lenhosas perenes (árvores, arbustos, palmeiras, bambus, etc.) são deliberadamente combinadas na mesma unidade de gestão com culturas herbáceas e/ou animais, quer numa forma de arranjo espacial quer numa sequência temporal. Nos sistemas agroflorestais existem interações ecológicas e económicas entre os diferentes componentes" (Lundgren, 1982). Por outras palavras, a agro-silvicultura envolve a associação sequencial de árvores com culturas, bem como a própria inter-plantação das duas.

A agro-silvicultura engloba práticas tradicionais de utilização das terras que dependem de árvores e arbustos como parte de sistemas de produção agrícola e pecuária. Técnicas recentemente desenvolvidas que visam a integração de plantas lenhosas perenes numa variedade de sistemas de utilização dos solos, a fim de tornar esses sistemas mais produtivos.

Tanto os sistemas agroflorestais tradicionais como os recentemente percebidos têm caraterísticas comuns: primeiro, a associação deliberada de árvores e arbustos com culturas, gado ou outros factores de produção agrícola. Em segundo lugar, interações ecológicas e económicas facilmente identificáveis, mas complexas, entre as plantas lenhosas e outros factores dos sistemas de produção agrícola. Terceiro, pelo menos duas ou mais saídas do sistema, com alguns ciclos de produção que se estendem para além de um ano (Nair, P K R e Fernandes E. 1984).

As florestas e as árvores nas terras agrícolas contribuem diretamente para a produção alimentar, fornecendo frutos, nozes, folhas, caules, raízes, tubérculos e outras partes comestíveis das plantas. As florestas proporcionam um habitat para variedades de animais, aves, pescas e factores de produção que, muitas vezes, constituem complementos essenciais para o abastecimento alimentar das zonas rurais. Para além destas contribuições diretas das florestas e das árvores para a produção alimentar, há uma série de contribuições indirectas. Em muitos sistemas de produção animal, as florestas, as árvores e os arbustos constituem uma fonte essencial de forragens e materiais de cama, o que contribui para a produção de carne e leite. Tradicionalmente, em muitos países, o estrume animal é uma fonte de fertilizante, o que significa que as florestas e as árvores contribuem indiretamente para manter a fertilidade do solo.

Tendo em conta o papel das florestas e das árvores, há outros aspectos que podem ser ignorados. Em primeiro lugar, o papel de complemento dos alimentos e rendimentos existentes, colmatando as carências sazonais de alimentos e rendimentos para ajudar a reduzir os riscos e diminuir os impactos da seca e de outros desafios. Em segundo lugar, o papel das árvores como fonte de medicamentos para uma grande parte da população dos países em desenvolvimento, pelo que são a única fonte gratuita disponível para o tratamento de doenças.

O ICRAF identificou as metas e os objectivos da promoção da tecnologia agroflorestal como, em primeiro lugar, o aumento das interações positivas entre árvores, arbustos, cobertura do solo, culturas, gado, solo e água, de modo a aumentar e diversificar a produção total de uma determinada área de terra. Em segundo lugar, o aumento da produção para níveis que podem ser mantidos com os recursos disponíveis, e não criar uma condição para que os agricultores dependam de factores de produção que estão fora do seu alcance ou que simplesmente não estão disponíveis. Este é um dos sistemas agroflorestais recentemente percebidos que é facilmente praticado se ligado a actividades de extensão e apoiado por um longo período de tempo na área.

3.8: Participação e silvicultura nas zonas rurais :

Os principais beneficiários da silvicultura comunitária são as comunidades rurais (FAO, 1998). A participação reconhece o papel central das pessoas na direção das suas próprias vidas. Considera que se as pessoas forem levadas a perceber os seus próprios problemas, e honestamente convidadas a sugerir conjuntamente soluções para os problemas identificados, trabalharão voluntariamente no sentido de remover esses constrangimentos e, consequentemente, melhorar as suas vidas (Granholm, 1991). A participação permite que as pessoas se expressem livremente e faz emergir a sua capacidade de inovação. Incentiva as pessoas a alargarem a sua energia, tempo e outros recursos locais para gerar mais recursos com a comunidade. Evita simplesmente o desperdício de recursos (Granholm, 1991). A participação é considerada como uma contribuição voluntária das pessoas para programas públicos que supostamente contribuem para o desenvolvimento natural, mas não se espera que as pessoas tomem parte na partilha dos programas, nem que se envolvam nos esforços de avaliação desses programas. A participação pode ser definida como o processo pelo qual as populações rurais são capazes de se organizar e, através das suas próprias organizações, são capazes de identificar as suas necessidades, partilhar a tomada de decisões, a implementação e a avaliação das acções de participação (FAO, 1992).

Muitos dos efeitos ecológicos e ambientais indesejáveis provocados pela desflorestação indicam claramente a necessidade de participação. Muitos esforços tentaram e ainda procuram desenvolver novos sistemas como a silvicultura comunitária, a silvicultura social, que englobam um conjunto de estratégias de gestão em que os aspectos da participação local e da distribuição equitativa dos produtos e benefícios florestais são o núcleo dos objectivos.

Na área de estudo, os projectos lançados durante um período superior a duas décadas, apesar dos resultados aparentemente positivos, ainda existem alguns constrangimentos gerais para uma forte participação. Estes constrangimentos são:

1- Não existe uma necessidade premente de lotes de madeira colectivos.

2- Disponibilidade de terrenos.

3- Limitação percebida e diferentes incentivos para as áreas florestais comunitárias

4- Insegurança quanto ao direito de acesso aos produtos arbóreos para diferentes grupos.

5- Resultados negativos da legislação dos serviços florestais.

6- Desconfiança nas instituições locais.

7- Benefícios a longo prazo das florestas e das árvores.

8- Disponibilidade de mão de obra.

Tradicionalmente, as mulheres das zonas rurais sabem muito sobre os recursos naturais. O seu papel na recolha de lenha, forragem, outros produtos das árvores, especialmente frutos medicinais e folhas de algumas árvores. As mulheres sabem quando é a época de maturação dos frutos, a forma de recolha, armazenamento e viabilidade de armazenamento de alguns frutos. A nível local, existem alguns problemas que se deparam com estas possibilidades de utilização. A desertificação vem em primeiro lugar na área, o que reduz a disponibilidade de produtos de árvores. A deslocação para distâncias maiores para ir buscar os produtos necessários é também um constrangimento. Culturalmente/socialmente, as mulheres geralmente não são tomadores de decisão para ter um tipo de influência em muitos aspectos. Têm poucas oportunidades de falar com pessoas de fora e com outras pessoas sobre os seus problemas. Do ponto de vista económico, é menos frequente as mulheres terem dinheiro próprio. Um rendimento independente no seio de uma família poderia certamente trazer-lhes algum respeito adicional. Questões como a posse da terra são sobretudo um problema para as mulheres. A propriedade da terra por parte das mulheres é rara e, por vezes, restringe-se às viúvas e às mulheres idosas. Na maior parte dos casos, os órgãos como os conselhos e comités de aldeia nas zonas rurais estão vinculados e são dominados por homens, quando surgem alguns problemas para tomar decisões urgentes. De facto, as mulheres não exercem qualquer poder real nas suas comunidades, o seu poder e influência são exercidos pelos homens. As mulheres também carecem de educação suficiente e de fontes de informação. No trabalho de extensão dos recursos naturais, a informação, se vier de uma mulher, é suscetível de obter uma melhor perceção. Ninguém pode negar ou ignorar a influência das mulheres sobre os seus filhos e, por conseguinte, a sua influência sobre as gerações futuras. Para além de todos os constrangimentos acima referidos, há ainda a grave falta de tempo, que é consumido 24 horas por dia nos assuntos domésticos. Fisicamente, as mulheres podem ter menos oportunidades de participar em actividades comunitárias, especialmente durante a gravidez.

A religião pode limitar as possibilidades de trabalho, mas, mesmo assim, as mulheres podem trabalhar arduamente e durante longas horas ao longo das suas vidas

3.9. Produtos florestais não madeireiros:

Foram utilizadas várias terminologias para os produtos florestais que não a madeira, tais como produtos florestais menores, produtos florestais não lenhosos, produtos florestais não lenhosos, etc. No âmbito da silvicultura convencional, o termo "produtos florestais menores" tem sido frequentemente utilizado. Mesmo nessa altura, só eram considerados produtos como a resina e o látex, que têm um valor industrial significativo. Ao considerar os produtos florestais, para além da madeira, discute-se frequentemente se se devem considerar apenas os produtos "comercializados". Esse debate também diz respeito à questão de saber se a vida selvagem e as utilizações de lazer, como a recreação e o turismo, devem ser consideradas.

Pessoas diferentes têm opiniões diferentes sobre o que é ou o que não é PFNL! Poderíamos considerar que o termo PFNL representa os outros termos, tendo sido definido de forma diferente por diferentes pessoas e/ou organizações. Falconer, (1990) utiliza o termo PFNL para 'os produtos florestais, incluindo subprodutos como a carne de animais selvagens e cogumelos, que não são processados por grandes indústrias' e considera as árvores de terras agrícolas e de pousio. Esta definição centra-se nos tipos de PFNL que são recolhidos e transformados para fins comerciais e de subsistência ao nível dos agregados familiares e das pequenas empresas e não ao nível das grandes indústrias.

A definição sugerida pela Organização das Nações Unidas para a Alimentação e a Agricultura tem uma perspetiva mais alargada. Os produtos florestais não lenhosos (PFNL) podem ser definidos como todos os bens para uso comercial, industrial ou de subsistência derivados das florestas e da sua biomassa, que podem ser extraídos de forma sustentável de um ecossistema florestal em quantidades e de formas que não prejudiquem a função reprodutiva da comunidade vegetal. As "florestas" abrangem a gama global de tipos de vegetação em que predominam as plantas lenhosas. (FAO, 1993).

Esta definição também não é isenta de problemas. Por exemplo, utiliza o termo "não madeira" e, em seguida, diz que todos os bens .... derivados das florestas" e mostra preocupação apenas com a "comunidade vegetal". A definição seguinte, que de certa forma deriva das duas definições anteriores, pode ser citada: "Os produtos florestais não lenhosos (PFNM) são todos os bens, com exceção da madeira, para uso comercial, industrial ou de subsistência, derivados das florestas e das terras em que se encontram as florestas, que podem ser extraídos de forma sustentável de um ecossistema florestal em quantidades e de formas que não prejudiquem as funções reprodutivas das comunidades vegetais e animais. As florestas abrangem a gama global de tipos de vegetação onde normalmente predominam as plantas lenhosas).

A definição refere-se às utilizações das florestas para todos os fins, exceto a madeira, e inclui a vida selvagem, as utilizações de lazer (recreio, turismo) e outras funções ambientais. Existem diferentes formas de classificar os PFNL. Podem ser classificados por fontes, como plantas, animais, etc., ou por utilizações, por exemplo, como alimentos, medicamentos ou fibras. Os PFNL podem também ser considerados na perspetiva dos serviços vitais que as florestas e as árvores prestam, por exemplo, conservação dos solos, proteção das bacias hidrográficas, regulação do clima, amenidades, biodiversidade, etc.

Ao avaliar o significado dos PFNL, é importante considerá-los de uma forma holística em termos de cultura, tradição, utilização comercial ou não comercial, de subsistência ou comercial, bem como os seus valores económicos nas perspectivas local, nacional e regional. Igualmente importante é a necessidade de ver os PFNL no contexto das mudanças socioeconómicas, ambientais e políticas e o impacto que essas mudanças têm na utilização dos PFNL.

Os produtos florestais não lenhosos, que são por vezes considerados como uma fonte insignificante de oportunidades de geração de rendimentos, podem ser de importância vital para a sobrevivência das famílias pobres, especialmente nas áreas secas das zonas secas do país, onde o corte de madeira é completamente proibido.

Nos casos em que os produtos florestais são relativamente acessíveis, independentemente do grau de desflorestação local, o desenvolvimento da silvicultura - sob a forma de empregos - pode ser procurado por razões muito diferentes da necessidade de árvores. Nestes casos, é pouco provável que as intervenções conduzam a uma silvicultura comunitária eficaz (Wallace, I. 1995).

Pelas razões acima mencionadas, as práticas e/ou projectos construídos com base no conceito de mudança de circunstâncias e, de vez em quando, de prioridades alteradas, serviriam como estratégia e criação de oportunidades geradoras de rendimento nas zonas rurais, especialmente nas zonas áridas e semi-áridas do norte do país.

3.10. Cobertura florestal no Sudão:

As florestas fornecem a maior parte da energia térmica necessária, estimada em até 80%, em particular, as comunidades rurais são agricultores e pastores ou pastores, dependem muito dos recursos naturais, recursos agrícolas e gado (Ibrahim, 1984). De acordo com Darag (2001), as zonas áridas e semi-áridas representam um terço da área total do mundo. 50% destas zonas áridas estão localizadas em países em desenvolvimento.

El Siddig (2000) mostrou que as florestas naturais no Sudão são reservadas ou não reservadas. Atualmente, estima-se que as florestas naturais do Sudão tenham diminuído para cerca de 0,8 mil milhões de metros cúbicos de área cultivada, quando eram de 2,4 mil milhões de metros cúbicos em meados dos anos setenta. Desde o início da reserva de florestas naturais em 1923, a política consistia em concentrar a gestão das florestas reservadas sob o controlo do governo para organizar o programa de abate, a proteção, a conservação, o desenvolvimento e a gestão. Além disso, nem uma única floresta reservada foi objeto de uma gestão adequada, com exceção das reservas florestais reverianas (El Siddig, 2000).

A cobertura florestal do Sudão está ameaçada pelo uso excessivo da população, especialmente das comunidades rurais. A taxa de variação anual foi de -1,4% todos os anos. A área total das florestas era de 71216 (000ha) em 1990. Dez anos mais tarde, no ano 2000, a área total era de 61627 (000ha). A alteração efectiva da área em (ooo ha) foi de -959000 ha (FRA,2000).

Quadro (3:2) Variação do coberto florestal no Sudão (1990 - 2000).

Total de florestas 1990	Totalflorestas 2000	Variação do coberto florestal 1990 - 2000	
		Alteração efectiva	Variação anual
000 ha	000 ha	000 ha	%
71216	61627	-959	-1.4

Fonte: Avaliação global dos recursos florestais (FRA 2000).

O coberto florestal do Estado do Nilo Branco foi, durante décadas, objeto de um consumo intenso por parte da população local. O consumo de lenha atingiu um total de 286001 metros cúbicos/ano e 349554 sacos de carvão vegetal. Esta quota representa cerca de 4,7% do consumo total do país. (FNC, W N State (2004).

Quadro (3:3) Variação da superfície florestal no Sudão (1990 - 2000).

Superfície do terreno 000 ha	Área florestal 2000					Variação da área 1990 2000	%
	Natural 000 ha	Plantação 000 ha	Total de florestas				
			000 ha	%	Ha/capita		
237600	60986	641	61627	25.9	2.1	-959	-1.4

Fonte: Avaliação global dos recursos florestais (FRA,2000).

A avaliação global dos recursos florestais (FRA,2000) com referência ao ano de 1990 registou uma área total igual a 237600 (000) ha como cobertura vegetal. A classificação da área terrestre é apresentada no quadro (3.4) como florestas, terras florestais e outras terras. As terras florestais, por sua vez, estão divididas em duas classes: área de florestas fechadas, 17622000 ha e área de florestas abertas, 52300000 ha. Nenhuma plantação aparece na classificação.

Quadro (3:4): Classificação da superfície terrestre no Sudão.

Ref. ano	Área total	Área do terreno						Interior água
		Florestas			Outras terras de madeira		Outros terrenos	
		fechado	aberto	Plantação	Arbustos/árvores	Pousio		
Ano	000 ha	000 ha	000 ha	000 ha	000 ha	000 ha	000 ha	000 ha
1990	237600	17622	52300	-	52088	-	115590	12981

Fonte: Avaliação global dos recursos florestais (FRA).

A área de terra de madeira também é dividida em áreas de arbustos\árvores e pousio. A área de arbustos\árvores registou uma área igual a 52088000 ha. Outros terrenos registam 115590000 ha. As áreas de florestas abertas e de arbustos/árvores somam uma área total atinge 104388000 ha. Enquanto a área de floresta fechada 17622000 ha representa uma pequena fração que não excede 17% da área que é considerada como cobertura vegetal. Esta percentagem de florestas fechadas está a diminuir quando comparada com a área total de florestas abertas, arbustos e árvores juntamente com outras terras (219978000 ha), que regista 8%.

3.11. Cobertura vegetal natural e incêndios florestais:

O coberto vegetal natural em zonas secas é suscetível a incêndios, quer acidentais quer provocados propositadamente (FAO, 1999). O resultado é uma degradação considerável das potencialidades dos recursos disponíveis. Os incêndios acidentais podem ter várias causas como faíscas emitidas por locomotivas, relâmpagos, vulcões, fermentação... etc. As faíscas de locomotivas, por exemplo de vagões de comboio, e os raios são raros. As causas dos vulcões e da fermentação são raras em todo o mundo, especialmente em África. Os incêndios provocados propositadamente podem ter diferentes causas, entre as quais o cultivo itinerante pode ser considerado como a principal causa nas zonas secas, especialmente no Sudão e na área de estudo. Os agricultores praticam amplamente a agricultura tradicional, queimam biomassa para limpar a terra, preparando-a para o cultivo da estação seguinte, ou queimam ervas e resíduos agrícolas para adicionar fertilizantes aos solos. Os incêndios provocados propositadamente podem também referir-se a pastores, caçadores, herdades e incêndios intencionais, ou seja, mal intencionados.

Atta El Mannan (2007) refere os incêndios florestais na área de estudo, especialmente na área de Al Baja, às seguintes causas, juntamente com as percentagens correspondentes:

1- Cozinhar sem cuidado80 ,8%.

2- Produção de carvão vegetal42,3%.

3- Caçadores furtivos26 ,95.

4- Proprietários de ovinos nómadas11,5%.

5- Fumadores11 ,5%.

6- Agricultores07 ,7%.

7- Nómadas proprietários de camelos03 ,8%.

Verificou-se que os incêndios florestais começam alguns meses após o fim das chuvas, em setembro. A época de incêndios estende-se por quatro meses, de setembro a dezembro. Atinge o seu pico em outubro, pois a temperatura neste mês atinge o máximo e a humidade diminui para a sua percentagem mais baixa.

Atta El Mannan (2007) utilizou imagens de satélite de deteção remota para obter e analisar uma representação histórica do regime de incêndios florestais na zona de El Baja. A área ardida foi cartografada para os anos 2000, 2001, 2002, 2003, 2004 e 2005. A tabela (3.4) mostra a área ardida durante cada ano, tal como resulta da análise dos dados MODIS (Moderate Resolution Imaging Spectrometer), juntamente com a precipitação total e a percentagem do total de pastagens em Al Baja que arderam.

Tabela (3.5): Área Ardida e Precipitação Total Correspondente por Ano.

Ano	Área queimada\ha	Precipitação total (mm)	% de pastagem ardida
2000	249.158	194.5	52.09
2001	343.327	270.2	60.79
2002	161.376	269.5	28.58
2003	396.251	276.2	70.17
2004	052.985	219.6	09.38
2005	084.933	172.2	15.03

Fonte: Ministério da Ciência e Tecnologia, Autoridade Meteorológica - Estação de Ed Dueim. Citado em El Gamri (2007).

3.12. Coberto florestal e terras de pastagem:

O relatório anual sobre as florestas (2004, Nilo Branco) mostrou que 70% das pastagens e campos se encontravam em florestas naturais. A taxa de povoamento de animais no Estado do Nilo Branco era muito elevada (40%), o que, sem dúvida, punha em perigo o equilíbrio existente do ecossistema. O quadro (3.6) mostra as taxas de povoamento animal em função da precipitação, da área e da percentagem.

Quadro (3:6): Taxa de lotação animal versus precipitação.

Zonas ecológicas	Precipitação em mm.	Área em (000) km	%	Taxa de lotação animal
Deserto	00 - 75	725.197	29.1	16
Semi deserto	75 - 300	492.098	19.7	40
Floresta de baixa pluviosidade	300 - 900	688.937	27.6	56

Floresta de alta pluviosidade	900- 1300	344.468	13.8	70
Região das inundações	800- 1000	235.689	09.5	
Região de montanha		004.475	00.3	
Total		2.490.464		

Fonte: Zahran, 2006. Números retirados de Musnad, 1982.

3.13. Comunidades rurais e recursos florestais:

As populações rurais do Sudão utilizam predominantemente a madeira como combustível. O mesmo acontece com as populações rurais urbanas pobres. A madeira é o principal material estrutural para a construção de abrigos e habitações. É utilizada intensivamente porque pode ser adquirida a baixo custo, muitas vezes não mais do que o custo da sua recolha. (King, 1978). O quadro (3:7) apresenta as caraterísticas dos produtos florestais utilizados localmente:

Quadro (3:7) : Caraterísticas dos produtos florestais utilizados localmente.

Saída	Caraterísticas benéficas
1- Combustível	Baixo custo de utilização. Produzíveis localmente a baixo custo. Substitui combustíveis comerciais dispendiosos. Substitui os resíduos agrícolas e evita a destruição da cobertura protetora do solo. Evita o desvio de mão de obra doméstica, mantém a disponibilidade de alimentos cozinhados.
2- **Material de construção**	Baixo custo de utilização. Pode ser produzido localmente a baixo custo. Substitui materiais comerciais dispendiosos. Mantém e melhora os padrões domésticos.
3-Alimentação , forragem, pastoreio.	Proteção das terras de cultivo contra o vento e a água erosão. Fontes complementares de alimentos, forragens e forragens. Ambiente para a produção de alimentos suplementares. Aumento da produtividade das terras de cultivo marginais.

4- **Produtos vendáveis**	Aumentar o rendimento dos agricultores/comunidade. Diversificação da economia da comunidade. Emprego adicional.
5- **Matéria-prima**	Insumos para o artesanato local, indústrias caseiras e de pequena escala.

Fonte: Documento florestal da FAO (1979).

As florestas naturais e os bosques estão expostos a uma utilização excessiva pela população local. 80% das comunidades rurais do Sudão utilizam a madeira como combustível (Hassan, 2000). E 89% do consumo de produtos florestais é feito no sector doméstico.

Quadro (3:8): Consumo doméstico de produtos florestais por sector (000000 c.m.) no Sudão

Setor	**Lenha**		**Postes e toros de serra**			**Total**	%
	Lenha	Carvão vegetal	Consumo	Manutenção	Fornalha		
Casa de família	6.15	6.07	1.11	0.57	0.2	14.1	90.4
Industrial	1.05	0.012	0.002	0.0007	0.001	1.o7	6.8
Comércio e serviços	0.032	0.28	0.018	0.022	0.035	0.39	2.5
Alcorão (Khalwa)	0.21	00	0.0004	00	00	0.21	1.3
Total	7.4	6.36	1.13	o.59	0.23	15.7	100
%	47.2	40.4	7.2	3.8	1.5	100	

Fonte: Inquérito sobre o consumo de produtos florestais no Sudão. F.N.C. (1995).

É evidente, como mostra a tabela (3.9), que 59% do consumo familiar provém da savana florestal de baixa pluviosidade, onde existe a maior parte das florestas naturais do país.

As elevadas quantidades de consumo doméstico e a total dependência das populações locais em relação aos produtos florestais implicam o envolvimento das comunidades rurais no processo de gestão das florestas naturais, a fim de atenuar as consequências adversas das interações das pessoas com os recursos naturais.

Quadro (3:9): Consumo doméstico de produtos florestais por zonas ecológicas. (000000 m) no Sudão.

Zonas	**Lenha**	**Carvão vegetal**	**Construção**	**Manutenção**	**Mobiliário**	**Total**	**%**
Deserto	0.189	0.085	0.0039	0.0035	0.0013	0.28	2.05
Semi deserto	1.38	3.42	0.2	0.157	0.061	5.23	37.7
Savana de baixa pluviosidade	4.31	2.46	0.89	0.39	0.14	8.19	59.1
Savana de alta pluviosidade	0.018	0.097	0.015	0.023	0.002	0.155	1.11
Total	5.9	6.07	1.11	0.57	0.2	13.86	100

Fonte: Inquérito sobre o consumo de produtos florestais no Sudão.F.N.C. 1995.

A silvicultura comunitária destina-se especificamente a melhorar o bem-estar económico da população-alvo, com especial ênfase na melhoria da situação dos pobres. Esta abordagem é agora amplamente aceite em princípio, mas a sua aplicação não tem sido fácil, em parte porque os processos sociais envolvidos não são muito bem compreendidos. De facto, a incerteza é tão grande que a implementação da silvicultura comunitária é intrinsecamente um processo exploratório (Gilmour, 1987). King (1978) afirmou que a silvicultura para o desenvolvimento da comunidade local é uma nova política orientada para as pessoas, adoptada pela FAO, cujo objetivo é elevar o nível de vida dos habitantes das zonas rurais, envolvendo-os no processo de tomada de decisões que afectam a sua própria existência e transformando-os em cidadãos dinâmicos, capazes de contribuir para uma vasta gama de actividades a que não estavam habituados e das quais serão beneficiários diretos.

Garforth, C. (1982), concluiu também que a silvicultura para a comunidade local é sobre as pessoas rurais e para as pessoas rurais. Os seus objectivos finais não são físicos mas humanos. Os objectivos físicos, que serão definidos, são na realidade meios para atingir os objectivos que melhoram a vida dos seres humanos. O desafio que se coloca à silvicultura de contribuir para melhorar as condições dos pobres das zonas rurais é, por conseguinte, suscetível de implicar uma reorientação radical que vai desde a política até aos seus fundamentos técnicos. Por conseguinte, a silvicultura faz parte do problema mais vasto do desenvolvimento rural, que só poderá ser resolvido se for dada uma prioridade suficientemente elevada ao sector rural. O governo tem de se empenhar no desenvolvimento rural.

3.14. A redução dos custos de gestão florestal como fator de sustentabilidade :

Kerkhof (1990) mostrou que, para que a gestão das florestas seja uma opção atractiva e autossustentável para as comunidades locais, os benefícios locais devem exceder os custos locais. Isto é difícil, se não impossível, de conseguir com os actuais custos de estabelecimento e de funcionamento dos mercados de madeira para combustível e outras abordagens altamente prescritivas de gestão das terras florestais seguidas por várias agências.

Entre as oportunidades de redução de custos que podem ser consideradas, contam-se as seguintes:

1- Deixar a delimitação dos limites das florestas a cargo dos aldeões, das autoridades consuetudinárias e dos representantes do governo local.

2- Abandonar o sistema "científico" de quotas de abate e deixar que as instituições locais usem o seu próprio critério. Se as salvaguardas forem consideradas absolutamente necessárias, estabelecer normas ambientais alargadas e de longo prazo para as quotas anuais de lenha.

3- Deixar os inventários florestais e outras formas de controlo a cargo dos aldeões. Se a administração desejar utilizar sistemas mais complexos para monitorizar as alterações a longo prazo, os custos não devem ser imputados à gestão florestal local.

4- Deixar de exercer pressão sobre as instituições de gestão locais para que façam investimentos na recuperação ativa das florestas.

5- Deixar a vigilância e a aplicação da lei para as instituições locais e só tratar a níveis superiores os casos que não possam ser resolvidos localmente.

6- A qualidade da gestão florestal local não deve ser medida pelo princípio do rendimento máximo sustentável da madeira.

As diferentes comunidades farão escolhas diferentes em função da evolução das suas próprias necessidades e oportunidades. Estas podem implicar alterações significativas da utilização dos solos, incluindo a conversão gradual em sistemas integrados de silvicultura, pecuária e agricultura. Tais mudanças ocorrem em qualquer caso e são mais susceptíveis de serem ecológica e economicamente sustentáveis se estiverem sob o controlo e a responsabilidade das comunidades locais. (Gebre, T. 1990).

3.15. Indicadores de desenvolvimento:

O grau de participação alcançado é um bom indicador da adequação de qualquer projeto de desenvolvimento rural. Assim, a ausência total de participação indica um projeto totalmente inadequado. As actividades e os resultados de um projeto simplesmente não fazem qualquer sentido para as pessoas que deveriam participar (Wasberg, 1992). Existem vários outros indicadores que são utilizados para descrever o nível de desenvolvimento de uma sociedade. Por exemplo, o número de pessoas analfabetas num país indica muito bem o nível de educação básica. Em geral, as pessoas analfabetas têm menos possibilidades de participação social e as suas condições de vida continuam a ser más. Outro bom indicador de desenvolvimento socioeconómico é a esperança média de vida. A sua vantagem é que descreve muito bem o nível geral da capacidade de produção e a sua distribuição entre os diferentes grupos sociais. De acordo com as estatísticas gerais, a esperança média de vida nos países do terceiro mundo é 15 anos inferior à dos países industrializados. A este respeito, o desenvolvimento também pode ser definido como um processo de mudança na sociedade em que as condições para a vida humana são melhoradas de forma abrangente, neste caso, a esperança média de vida pode ser utilizada como um indicador universal para o desenvolvimento (Astorga, 1992).

3.16. Participação da população local e desenvolvimento:

Citado em Ghazi (2003); A silvicultura contribui para o desenvolvimento rural de três formas principais: mantendo os seus equilíbrios ecológicos, aumentando a oferta de produtos para consumo local e melhorando os benefícios das utilizações industriais da madeira. Em primeiro lugar, deve ser dada prioridade às necessidades básicas dos pobres do mundo e, em segundo lugar, à ideia das limitações impostas pelo estado da tecnologia e da organização social à capacidade do ambiente de satisfazer as necessidades presentes e futuras. Para melhorar as possibilidades de as populações rurais pobres satisfazerem as suas necessidades, é essencial ajudá-las a compreender a relação negativa entre o homem e a natureza e facilitar a sua participação na satisfação das suas necessidades básicas (Astorga, 1992). De acordo com Wasberg (1990), os agricultores rurais pobres, que tentam encontrar comida para o dia, raramente se podem dar ao luxo de investir o seu trabalho, ou qualquer outro recurso, em actividades que não produzam benefícios imediatos. Assim, quanto mais rápidos forem os benefícios, melhor será a participação. Os agricultores não participarão a menos que tenham plena segurança de que receberão os benefícios do seu trabalho, ou outras formas de insumos. No caso da plantação de árvores em propriedade privada, esta segurança é garantida. Se, por contrato, as árvores forem plantadas em terras comunitárias ou estatais, ou em terras arrendadas a terceiros, os agricultores devem ter direitos de utilização das terras a longo prazo. Para o efeito, é necessário estabelecer contratos ou outros documentos legais. Para criar interesse na plantação de árvores e na gestão correta a longo prazo das terras arrendadas, o período do contrato deve ser o mais longo possível. Muitas vezes, as comunidades locais plantam árvores em terrenos comuns. Nestes casos, deve ser claramente especificado, numa fase inicial, como é que os benefícios das árvores serão partilhados entre os membros das comunidades. Mais uma vez, poderá ser necessário estabelecer um contrato. Se este problema não for resolvido numa fase inicial, podem surgir conflitos quando os benefícios forem partilhados.

Em suma, os agricultores devem ter plena segurança quanto aos benefícios da sua participação. Em muitos casos, a melhor forma de o garantir é através do estabelecimento de um contrato a longo prazo. Se a atividade do projeto tiver de continuar após a retirada da assistência externa, a população local deve ser capaz de manter todos os componentes do projeto. Em geral, quanto mais um projeto se basear em matérias-primas e conhecimentos locais, maiores serão as possibilidades de sustentabilidade a longo prazo. A utilização de tecnologia avançada importada é, por vezes, adequada, mas requer o fornecimento seguro de peças sobressalentes e a moeda forte necessária para as comprar, bem como a inclusão de uma componente de formação e manutenção no projeto (Hendee, 1984).

A complexa tarefa de desenvolvimento exige um empenhamento genuíno a longo prazo de todas as partes envolvidas. Os projectos curtos, com uma duração de 2-3 anos, raramente conseguem introduzir um desenvolvimento sustentado permanente. Além disso, a experiência até à data indica que é quase impossível prever totalmente a interação de um projeto com o seu ambiente, ou seja, surgirão sempre problemas imprevistos em qualquer projeto. Para fazer face a esses problemas, o gestor do projeto deve ter a máxima liberdade de ação, a fim de ajustar rapidamente o projeto ao seu ambiente em constante mudança. Existem atualmente provas suficientes de que a abordagem do processo de projeto é a mais adequada para a tarefa de desenvolvimento rural (Becker, 1986). Todas as partes envolvidas na cooperação internacional para o desenvolvimento, incluindo os doadores, os responsáveis pelo planeamento dos governos, os profissionais, etc., devem estar cientes do seguinte:

- O grande tempo necessário para formular corretamente um projeto de silvicultura participativa.
- A necessidade de envolver as populações locais na fase de identificação e formulação.
- A necessidade de projectos de processos flexíveis a longo prazo, incluindo uma grande quantidade de investigação-ação.
- A necessidade de formar profissionais para avaliar as necessidades e prioridades das comunidades rurais.

Além disso, Wasberg (1992) afirmou que, no contexto do desenvolvimento rural, a participação refere-se ao envolvimento da população local numa atividade de projeto. No entanto, o envolvimento pode ser de vários tipos; existe um envolvimento ativo voluntário e um envolvimento passivo forçado. Estes dois extremos, bem como todas as formas intermédias de envolvimento, são abrangidos pelo conceito de participação.

3.17. O conceito de participação popular:

O conceito de participação tem sido objeto de numerosos debates, nomeadamente sobre a sua origem histórica, a sua condição teórica e a sua aplicabilidade prática. Vários estudos expressaram o termo em diferentes significados:

- A participação é o envolvimento de pessoas ou comunidades, por sua livre vontade ou voluntariamente, no reconhecimento dos seus problemas e na procura de soluções para os mesmos (Granholm, 1991).
- A participação pode ser simplesmente definida como ter um papel a desempenhar numa determinada atividade. O papel tem de ser ativo, tangível e ter influência no resultado direto ou no resultado final da atividade (Chavangi, 1991).
- A participação é a contribuição voluntária das pessoas para os projectos, mas sem que estas tomem parte na tomada de decisões (Mikkelsen, 1995).
- Participação significa tomar parte numa atividade. Na verdade, implica tomar parte fisicamente (estar presente, usar o esforço mecânico e o empenho no trabalho), mentalmente

(concetualização da atividade, tomada de decisões, utilização de competências mentais na organização, gestão da atividade, etc.) e emocionalmente (assumir poder, responsabilidade, autoridade sobre a atividade) no processo da atividade (Mlenge, 1991).

- A participação é uma contribuição voluntária que é a quota-parte das pessoas no estabelecimento da silvicultura comunitária (Granholm, 1991).

A palavra participação é muito utilizada atualmente na terminologia dos projectos, tornando-se muito popular entre os doadores, governos, consultores e agências internacionais, mas pouco clara entre a população rural, que será afetada pelos projectos. Em muitos casos, os programas propostos dificilmente são aceites pelas agências de ajuda, a menos que o envolvimento das pessoas seja garantido (Astorga, 1990; Gebre, 1990).

3.18. Interpretação da participação:

É impossível estabelecer uma definição universal de participação. Existe uma série de interpretações contraditórias que reflectem os paradigmas dominantes do pensamento sobre o desenvolvimento. Marsden (1989) apresentou diferentes interpretações de participação. A participação é considerada como uma contribuição voluntária das pessoas para programas públicos supostamente destinados a um desenvolvimento natural, mas não se espera que as pessoas tomem parte na elaboração dos programas e no seu envolvimento nos esforços de avaliação desses programas. A participação pode ser definida como o processo pelo qual as populações rurais são capazes de se organizar e, através das suas próprias organizações, são capazes de identificar as suas necessidades, partilhar a tomada de decisões, implementar e avaliar as acções de participação (FAO, 1992).

- A participação tem sido considerada como uma filosofia em que as pessoas devem ter o direito de exigir que o seu governo forneça o quadro político, os serviços e a assistência necessários para as ajudar a satisfazer as suas necessidades básicas e a resolver os seus problemas (Mohamed, 2000).

- A participação foi identificada com comportamentos políticos como o voto e a atividade de lobbying.

- No entanto, participação significa parceria. Inclui o intercâmbio de conhecimentos e de experiências e não é fácil de concretizar na prática.

3.19. Dimensões da participação:

A ambiguidade está sempre presente na utilização do termo "participação" na silvicultura. As pessoas podem usar o termo para significar lavagem cerebral, por exemplo, para convencer os agricultores a plantar árvores contra as suas prioridades económicas (Shepherd, 1987). A participação tem sempre a ver com níveis de graus que vão desde a contribuição do trabalho até ao controlo total dos recursos. Não se pode chamar participação se o envolvimento dos aldeões começa e termina com o facto de serem pagos para plantar árvores numa plantação (Care, 1987). D.Arcy (1990) discutiu dois conceitos diferentes de participação. Um; a participação era vista como algo distante para atingir objectivos específicos (instrumental). Dois: a participação era vista como um objetivo transformacional para atingir outros objectivos, como a autoajuda.

3.20. Participação das pessoas na silvicultura:

A participação visa desenvolver práticas de gestão sustentável dos recursos e sublinha a necessidade de participação dos habitantes locais na tomada de decisões que os afectam. De acordo com Granholm (1990), há três elementos necessários quando se fala de participação:

1- As pessoas devem ser autorizadas a identificar os seus problemas.

2- As pessoas devem ser autorizadas a descobrir as causas e as raízes dos seus problemas.

3- As pessoas devem ser autorizadas a propor soluções para resolver os seus problemas.

A FAO (1998) identificou algumas caraterísticas que devem ser reconhecidas no incentivo à participação da comunidade rural. Essas caraterísticas são resumidas a seguir:

4- Um reconhecimento e um respeito claros dos direitos das populações indígenas que vivem nas florestas tropicais ou que delas dependem tradicionalmente.

5- Promover a colaboração entre pessoas e instituições envolvidas nos vários aspectos da gestão florestal, incluindo a produção de madeira, integrando as competências profissionais e a formação com os conhecimentos e recursos tradicionais da população local, a fim de apoiar as necessidades das comunidades rurais e minimizar ou evitar conflitos na gestão florestal.

6- Melhoria do bem-estar dos trabalhadores florestais e das comunidades locais.

A necessidade de participação é muito sentida no mundo devido aos muitos efeitos ecológicos e ambientais indesejáveis que são causados pela desflorestação. Para contrariar o desenvolvimento desejado, é necessário adotar uma nova abordagem na gestão florestal que envolva a participação ativa da população local, em vez da função territorial e de policiamento do serviço florestal. Isto resultou em muitos esforços para desenvolver novos sistemas aos quais foram dados nomes como silvicultura social, silvicultura comunitária e estes termos relacionam-se com a silvicultura para as pessoas, um grupo de estratégias de gestão florestal em que os aspectos da participação local e muitas vezes também da distribuição equitativa dos produtos florestais são objectivos centrais (Wiesum, 1984).

Embora o conceito de participação seja agora geralmente aceite, a dificuldade de operacionalizar este conceito no sentido de um envolvimento crítico responsável nas medidas de desenvolvimento e extensão surge frequentemente assim que surgem conflitos de interesse entre o grupo-alvo e as instituições de desenvolvimento. De facto, a participação exige muito tempo, paciência e resistência de todos os actores envolvidos, bem como uma inter-relação clara das suas caraterísticas exactas (Chamber, 1686).

3.21. Benefícios da participação:

As comunidades rurais e os utilizadores das florestas que dependem das árvores e dos recursos florestais para a sua sobrevivência e para o desenvolvimento económico são os principais beneficiários das actividades de silvicultura comunitária (FAO, 1998). A participação reconhece o papel central das pessoas na direção das suas próprias vidas. Considera que se as pessoas forem levadas a perceber os seus problemas e convidadas honestamente a sugerir soluções conjuntas para os problemas identificados, trabalharão voluntariamente para remover esses constrangimentos e, consequentemente, melhorar as suas vidas (Granholm, 1991). A participação permite a livre expressão das pessoas e faz emergir a sua capacidade de inovação (Mang'ala, 1991). Além disso, a participação incentiva as pessoas a alargarem a sua energia, o seu tempo e outros recursos locais para gerar mais recursos com a comunidade. A participação evita o desperdício de recursos (Granholm, 1991).

3.22. Principais obstáculos à participação local:

as comunidades rurais raramente têm interesses comuns para participar em actividades relacionadas com a silvicultura (Gebre, 1990). As diferenças na estrutura socioeconómica e física das aldeias afectam a base da participação da comunidade no Norte do Sudão (COWI consult, 1993).

Os principais obstáculos à participação, tal como resumidos por Falconer (1987)

São os seguintes:

- Os participantes não sentem uma necessidade premente de lotes de madeira comuns.
- Disponibilidade de terrenos.
- Diferentes incentivos para a área de floresta comunal e a perceção da sua limitação.
- Segurança institucional sobre o direito de acesso aos produtos arbóreos.
- Uma legislação negativa histórica com serviços florestais.
- Desigualdades na estrutura social local ou desconfiança em relação ao governo local.
- Os benefícios resultantes das plantações florestais são benefícios a longo prazo e benefícios ambientais, e
- Disponibilidade de mão de obra.

CAPÍTULO IV

Materiais e métodos

4.1: Geral:

Este capítulo descreve a investigação, os seus grupos-alvo e a seleção das amostras. Concentra-se no instrumento de recolha de dados, ou seja, o questionário principal para os agricultores, na sua validade e nos testes de campo, bem como nos procedimentos de análise. O principal objetivo deste estudo é examinar a racionalidade na utilização da cobertura vegetal natural, a perceção e a adoção de invenções recentemente introduzidas, as possibilidades de sustentabilidade das potencialidades naturais, a utilização do conhecimento indígena detido pela população rural e as oportunidades disponíveis de possível desenvolvimento para as comunidades rurais, juntamente com o máximo grau de conservação do ambiente.

4.2: Informações sobre a população:

A densidade populacional continua a ser sempre o fator chave para o sucesso de qualquer projeto de desenvolvimento. As necessidades quotidianas das comunidades, sejam elas agrícolas, de produtos animais, de fontes de energia, de situação económica, são os indicadores prementes para orientar o comportamento humano para a utilização dos seus recursos naturais. De um outro ponto de vista, as acções de desenvolvimento ordinário/normal das comunidades locais impõem mudanças contínuas no estatuto económico social e na vida. Estas mudanças precisam de ser cuidadosamente estudadas para orientar e utilizar a utilização dos recursos naturais.

A questão do género é de importância vital para as diferentes comunidades. Aspectos como a educação, a gestão da casa e o estatuto de vida, a alimentação das crianças e o desenvolvimento das capacidades pessoais estão fortemente ligados à cultura, ao estatuto económico e social das mulheres, às suas competências e conhecimentos.

O estudo desta parte precisa sempre de ser revisto e a intrusão ou introdução é importante sempre e onde for necessário. Poder-se-ia concentrar em questões como a importância dos recursos naturais e do coberto arbóreo para a vida de qualquer ser humano e atualizar as reacções dos conhecimentos das comunidades e dos diferentes grupos-alvo para lidar com o ecossistema.

A imigração juvenil como comportamento social é notável no Estado do Nilo Branco durante as décadas actuais e passadas. Esta situação deve-se a várias razões, entre as quais a situação económica das famílias, em que o rendimento é inferior ao consumo. As famílias das comunidades rurais estão fortemente ligadas pela religião e pelos aspectos culturais. O chefe de família é a entidade responsável pelo orçamento e pela prevalência das necessidades familiares. Circunstâncias como o aumento do número de membros da família e as necessidades da vida ultrapassam sempre as capacidades de geração de rendimento de uma só pessoa. É por isso que a imigração para as cidades vizinhas e/ou para o estrangeiro é considerável. Esta ação afecta os jovens das zonas rurais, o que resulta numa alteração notável da estrutura da comunidade e na falta de mão de obra.

Foi elaborado um questionário para investigar e encontrar respostas para a dimensão, a percentagem de género nas comunidades rurais e medir o seu grau de participação na vida da comunidade. Também a participação dos jovens na subsistência e na migração para outros países e a sua influência no rendimento familiar e na estrutura familiar.

4.3: Degradação das terras agrícolas:

Uma das principais práticas no Estado do Nilo Branco é a agricultura. As duas práticas conhecidas de utilização dos solos são a agricultura de sequeiro e a agricultura de regadio. A monoagricultura extensiva é o principal fator que conduz à deterioração das terras. É necessário investigar a introdução de novos sistemas de cultivo e de novas inovações e medir o grau de perceção entre os diferentes grupos que constituem as comunidades rurais, especialmente os agricultores.

As (micro) captações de água podem ser uma das práticas que podem aumentar a produtividade das culturas em série, para além de prolongarem o período de tempo de cultivo. Especialmente quando o cultivo começa tarde, no início das baixas temperaturas do inverno. Esta inovação também aumentaria a disponibilidade de forragem para as pastagens. Foram colocadas perguntas pormenorizadas num questionário para ver como os agricultores utilizam as suas terras e a possibilidade de aumentar a produtividade das terras. As inovações e os graus de adoção também são investigados para ver as oportunidades de mudar os sistemas herdados de uso da terra para melhores sistemas de utilização.

4.4: Avaliação do coberto arbóreo:

Sabe-se que o coberto arbóreo está ligado à quantidade de chuva e às caraterísticas do solo.

As alterações e instabilidades do ecossistema afectam o coberto arbóreo e os solos, influenciando assim, sem dúvida, a vida social. A investigação destes factores é extremamente importante para diagnosticar as situações passadas, presentes e futuras. O questionário é o método mais adequado e disponível para realizar tais investigações, mas a opinião dos diferentes grupos da comunidade deve ser valorizada e não considerar apenas os pontos de vista, projectos e previsões dos planeadores. A sinergia entre os pontos de vista dos aldeões e os objectivos governamentais serviria a situação e resultaria em melhores condições de vida.

Os lotes de madeira, as cinturas de abrigo e as práticas agro-florestais permitiriam remediar qualquer perda de cobertura arbórea. A adoção voluntária continuaria a ser o objetivo final de qualquer introdução de inovação ao conhecimento tradicionalmente herdado nas comunidades rurais. As práticas agro-florestais foram investigadas através do questionário para encontrar soluções adequadas para qualquer problema relacionado com o coberto vegetal.

4.5: Criação de animais vivos:

Uma segunda prática importante de utilização das terras, que afecta a sustentabilidade dos recursos naturais, é a forma tradicional de criação de gado. O número de animais acumula-se ano após ano sem ter em conta os factos científicos e/ou a informação sobre a tolerância da terra (capacidade de suporte). Socialmente, acredita-se que um agricultor que possui um grande número de animais ou rebanhos, seria socialmente respeitoso, independentemente de como ele usa ou utiliza a riqueza que possui. Um grande número de animais numa área específica / particular, sem dúvida, aceleraria a degradação da terra e, portanto, minimizaria as possibilidades de maximizar os benefícios, os resultados da riqueza animal. As indústrias baseadas em produtos de origem animal dificilmente serviriam as sociedades por razões como a instabilidade das áreas de pastagem e dos pastos, o baixo valor nutritivo das gramíneas, a instabilidade das quantidades e dos produtos. Isto também contribuiria para os indicadores do sistema nómada de pastoreio animal.

A medição da tolerância da terra e das capacidades de suporte é essencial para avaliar a situação e estudar as inovações adequadas que serviriam às comunidades para uma utilização e aproveitamento óptimos da riqueza animal. A investigação desta questão, apesar da sua dificuldade em abstrair respostas reais relacionadas com o número de animais possuídos, foi feita através do questionário para recomendar o número e o tipo de animais adequados que poderiam ser criados na área de estudo.

4.6: Fonte de informação:

A informação de base para o debate são os dados primários recolhidos junto dos habitantes das zonas rurais. As comunidades locais são os organismos que são influenciados pelas mudanças dinâmicas que ocorrem continuamente devido às actividades da vida quotidiana. O questionário destaca questões como a degradação dos solos, as actividades da população rural como a agricultura e a criação de gado, juntamente com a estrutura da comunidade, para mudanças dinâmicas intimamente ligadas a essas actividades.

Os dados secundários não são menos valiosos do que os dados primários. Esta informação é de extrema importância para avaliar as percepções da população rural. Foram realizadas discussões de grupo em diferentes áreas. As pessoas idosas são a referência para monitorizar e medir a informação, especialmente quando se trata de assuntos como os recursos naturais ou a estrutura da comunidade. As observações pessoais e as observações gerais dos especialistas em toda a área também são valiosas para a comparação e análise dos dados recolhidos. Os dados secundários incluem relatórios de diferentes organizações. Actividades de projectos, autoridades governamentais na área, associações comunitárias e organizações em diferentes campos, cobertura de árvores, agricultura, solo, gado, recursos naturais, disponibilidade de pastagens, sistemas de padrões de uso da terra e novas tecnologias e inovações adoptadas.

4.7: Técnicas de amostragem:

A técnica de amostragem utilizada nesta investigação é a amostragem aleatória simples.

4.8: Seleção de localidades e aldeias:

O Estado do Norte do Nilo Branco é constituído por duas localidades, nomeadamente Ad-Dueim e Al Giteina. Compreendem nove unidades administrativas em ambas as margens do Nilo. A seleção das unidades administrativas foi feita de acordo com a disponibilidade de florestas naturais e pastagens que toleram a pressão de pastoreio do gado criado. Também foi tida em consideração a acessibilidade da população rural à cobertura vegetal natural. A densidade populacional é mais elevada na parte ocidental do Nilo Branco (relatório anual do Conselho, 2006). Isto para além das tribos semi-nómadas que visitam a área periodicamente após cada estação das chuvas nos meses secos. Por conseguinte, foram escolhidas três unidades administrativas para representar a parte norte do Estado. A seleção das aldeias foi feita após observações gerais e exaustivas de toda a área. As próprias aldeias diferem em tamanho e população. De acordo com um relatório de um documento de projeto (Afforestation in White Nile State 89-1992), as aldeias e comunidades variam entre 250-5000 habitantes espalhados pela área a uma distância de 3-5 km. Por conseguinte, foi efectuada uma estratificação prévia das aldeias. Foram criados três grupos: aldeias de grande dimensão, aldeias de média dimensão e aldeias de pequena dimensão. Para uma representação equitativa, foram escolhidas aleatoriamente três aldeias de cada dimensão. Assim, de cada unidade administrativa foram escolhidas três aldeias para representar os três tamanhos diferentes de aldeias. As unidades administrativas escolhidas são: At-Tadamon, Ad-Dueim e Um-Rimta.

4.9: Seleção de agregados familiares:

Foi feita uma seleção aleatória para escolher os agregados familiares representativos. Sabe-se que o agregado familiar é a unidade representativa mais pequena das comunidades rurais, pois é a principal unidade produtiva e de consumo nas zonas rurais. O número de aldeias em cada unidade administrativa situa-se num intervalo de 20-25 aldeias (relatórios do Conselho de 2000). O número de inquiridos não é necessariamente o mesmo dentro das aldeias, mas segue a dimensão da comunidade disponível numa aldeia.

4.10: Construção do questionário:

A construção do questionário foi efectuada de acordo com as orientações da FAO (1985). As sugestões do supervisor, bem como as ideias de outros especialistas na área de estudo, ajudaram a chegar ao formato final do questionário. As seguintes orientações de Burchinal (1989) também foram tidas em especial consideração na construção do questionário:

1- Para ter a certeza de que cada pergunta era relevante para o tema e necessária.

2- Fazer as perguntas a que os inquiridos podem e estão dispostos a responder.

3- Exprimir cada pergunta da forma mais simples possível.

4- Formular as perguntas em termos concretos e específicos.

5- Obter a crítica de todos os itens preparados por um colega ou um amigo

6- Indique os itens na língua que os inquiridos utilizam na conversa quotidiana.

Foram utilizados dois tipos de perguntas no questionário. Perguntas fechadas, na sua maioria de escolha múltipla ou com respostas do tipo "sim" e "não", e perguntas dicotómicas com um estilo faseado, em que cada resposta conduz a um conjunto específico de perguntas de seguimento, sem perguntas abertas, exceto quando tal é inevitável. Estes tipos de perguntas foram utilizados no questionário com o objetivo de:

7- Exigir o mínimo possível dos inquiridos.

8- Permitir uma recolha de dados rápida e eficaz.

9- Permitem uma análise fácil, rápida e exacta das respostas.

10- A combinação de perguntas e de categorias de resposta associadas ajuda por vezes os inquiridos a compreenderem melhor as perguntas.

11- São mais úteis para obter respostas a questões sensíveis.

As perguntas abertas foram evitadas, exceto nos casos em que tal era inevitável devido aos seus inconvenientes, que estão representados no quadro seguinte:

12- A dificuldade de construir perguntas com o nível de generalidade adequado.

13- Os inquiridos são difíceis de analisar e resumir.

14- Podem impor encargos consideráveis aos inquiridos e aos entrevistados.

15- É mais provável que produzam dados irrelevantes e sem valor.

4.11: Organização dos dados:

À etapa de concetualização seguiu-se a organização das questões. Foram consideradas as seguintes diretrizes:

1- Obter com perguntas simples e fáceis de responder.

2- Colocar as perguntas sensíveis ou mais complexas no final do questionário.

3- Onde fizer sentido, colocar os itens numa ordem lógica.

4- Tentar criar uma mistura interessante de itens no questionário.

Foi colocada uma introdução ao questionário no topo da primeira página ou folha de rosto do questionário. A introdução foi escrita em frases curtas e simples na língua local utilizada pelos inquiridos e em palavras que estes compreendessem. Era composta pelos seguintes elementos:

5- Identificação da pessoa que efectua a investigação.

6- Explicação do objetivo do estudo e da sua importância.

7- Explicação da forma como os inquiridos foram selecionados.

8- Garantia de que as respostas seriam protegidas e não seriam dadas a conhecer a mais ninguém para assegurar a confidencialidade.

4.12: Pré-teste:

A formulação do questionário foi seguida de uma fase de pré-teste para descobrir e corrigir eventuais falhas no mesmo. O objetivo do pré-teste é garantir que o questionário forneça dados fiáveis e válidos para responder ao problema em investigação.

Os estudantes do último ano da Faculdade de Agricultura e Recursos Naturais da Universidade de Bakht-Arruda, no âmbito da sua formação para o curso de estudos, juntamente com outros dois funcionários da unidade de extensão agrícola, foram convidados a criticar o questionário e a estimar a forma como os inquiridos poderiam responder ao questionário. De acordo com os comentários dos estudantes, o projeto de questionário foi revisto. Finalmente, o supervisor verificou o questionário e, consequentemente, algumas perguntas foram eliminadas. Após o pré-teste, o conteúdo do questionário foi materializado em formulários simples com um mínimo de itens para obter a informação necessária. O questionário foi finalmente revisto e impresso (Anexo 11).

4.13: Autorização para a recolha de dados:

Antes do início da recolha de dados, o Omdah da área foi informado sobre a natureza da investigação e do estudo na área. Depois de chegar a qualquer aldeia selecionada, o primeiro passo consistiu em obter autorização das autoridades locais antes de realizar o inquérito. Esta autorização é certamente recomendada para inquéritos em zonas rurais, onde os residentes podem ser mais desconfiados em relação a pessoas de fora. Foi também pedido aos líderes que convencessem os inquiridos locais a cooperar na realização da investigação.

4.14: Análise de dados estatísticos:

A análise estatística foi iniciada através de manipulações exploratórias dos dados obtidos na área de estudo. Este processo foi realizado examinando criticamente os dados através da utilização de técnicas simples de análise. As principais ferramentas são a construção de tabelas simples e a tabulação cruzada selecionada que permite respostas provisórias a muitas das questões colocadas no inquérito.

CAPÍTULO V

Resultados e discussão

5.1. Geral :

O coberto vegetal, especialmente as florestas e as árvores, contribui de forma notável para os programas de desenvolvimento nas zonas rurais. Segundo consta, têm uma profunda influência no ambiente, tanto a nível local como regional e global.

A silvicultura poderia desempenhar um papel na conciliação do equilíbrio entre conservação e desenvolvimento. Os aspectos ambientais, agrícolas, económicos, sociais e culturais da área de estudo podem ser investigados para se extrair uma lógica de oportunidades de desenvolvimento rural nas comunidades locais.

5.2. Análise da estrutura da comunidade :

5.2.1: Sexo e grupos etários:

Nas zonas rurais, o sexo e os grupos etários têm uma importância especial sempre que o trabalho comunitário está em causa. Os homens dominam a estrutura da comunidade e é fundamental dirigir-se diretamente às mulheres sem a sua autorização. Não é fácil encontrar e falar diretamente com as mulheres, especialmente com as pessoas de fora da comunidade local. O quadro (1) mostra que 81% dos inquiridos são homens e apenas 18,9% são mulheres. Isto reflecte claramente o peso das tradições e tabus nas zonas rurais, onde é difícil para os estrangeiros aproximarem-se das mulheres.

Tabela (5- 1): Localidades, número de inquiridos, sexo e idades.

Localidades	Respondente	Sexo		Grupos etários				
		masculino	feminino	-20	20-	36-	46-	60-
At-Tadamon	59	38	21	7	10	23	19	2
Ad-Dueim	55	50	5	6	15	12	16	11
Um-Rimta	45	41	4	4	7	12	16	10
Total	159	129	30	17	32	47	51	23
%(percentagem)	100	81.1	18.9	13.3	20.1	29.6	32.1	14.5

O facto é que, sempre que se lida com as populações rurais, questões como o sexo e a religião devem ser cuidadosamente consideradas e analisadas de modo a obter resultados positivos. A adoção de qualquer perceção de inovações tem de procurar passagens fáceis para a intrusão na massa consolidada das comunidades rurais. Convencer e confiar seriam sempre palavras-chave para uma melhor perceção e adoção. Os resultados da análise da distribuição etária revelaram o facto de todos os grupos etários estarem representados neste estudo. Isto significa que todas as categorias etárias podem ser consideradas da mesma forma no planeamento de qualquer projeto de desenvolvimento rural. As percentagens apresentadas na tabela (1) são as seguintes: 13,3% corresponde ao grupo etário com menos de 20 anos, 20,1% corresponde ao grupo com idades compreendidas entre os 20 e os 35 anos, 29,6% corresponde ao grupo com idades compreendidas entre os 36 e os 45 anos, 32,1% corresponde ao grupo com idades compreendidas entre os 46 e os 60 anos e 14,5% corresponde ao grupo com idades superiores a 60 anos. Pode considerar-se que o sucesso das actividades se dirige à população com idades compreendidas entre os 20 e os 60 anos. Esta faixa abrange uma elevada percentagem de pessoas, quase 82% da população disponível.

5.2.2: Membros do agregado familiar e nível de instrução:

Os membros do agregado familiar e o nível de instrução são dois factores que estão muito ligados na estrutura das comunidades rurais, pois as pessoas pobres das zonas rurais não podem pagar as despesas de instrução de todos os membros da família. Esta influência estende-se a outros aspectos, especialmente quando se consideram os recursos naturais. Um resultado importante revelado por este estudo na estrutura da comunidade é o número de membros do agregado familiar, como mostra a tabela (2), que é constituído por 4 pessoas ou mais. É virtualmente que o fardo de preencher as necessidades diárias é suficientemente elevado para afetar mudanças de actividades comunitárias adicionais.

Tabela (5-2) : Membros do agregado familiar e nível de escolaridade .

Localidade	Nível de escolaridade					Membros do agregado familiar		
	analfabeto	khalwa	Básico	segundo	universidade	1-3	4-7	8-
At-Tadamon	4	9	10	33	3	17	26	16
Ad-Dueim	21	8	7	14	5	10	22	23

Um-Rimta	29	7	6	3	0	5	13	27
Total	54	24	23	50	8	32	61	66
%(Percentagem)	34	15.1	14.5	31.4	5	20.1	38.4	41.5

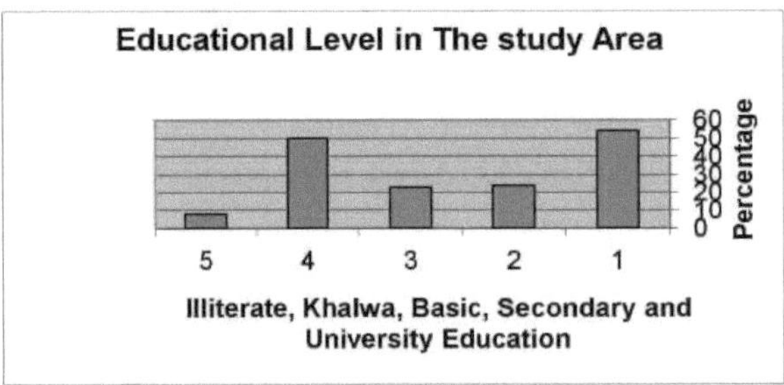

O contrato social para a gestão dos recursos locais está a tornar-se evidente e encorajador, mas ainda há muito por fazer. A educação é, sem dúvida, um dos factores-chave ligados à perceção fácil de qualquer inovação em diferentes domínios. A análise do fator nível de educação na área de estudo é apresentada no quadro (2). Os resultados revelaram a elevada incidência de analfabetismo, sendo que um terço da população é alfabetizada. O ensino básico, secundário e universitário representa 50 % dos inquiridos. A educação Khalwa (escola corânica) regista 15,1% na área de estudo, o que revela o estatuto religioso na comunidade rural e até que ponto é um tabu. Apesar das novas e modernas escolas, a população rural continua a enviar os seus filhos para as Khalwas. Aparentemente, o nível de educação é comparativamente elevado.

O nível de educação, em geral, determina a carreira dos habitantes. Esta relação é direta com o nível de vida. A maioria dos inquiridos (71,1%) aufere um rendimento mensal inferior a 300

ODS. É certo que o nível de vida é baixo. O conceito de obtenção de rendimentos adicionais relacionados com os recursos naturais é ainda menor. As populações rurais compensam o défice de rendimento através da migração para as principais cidades vizinhas ou para o estrangeiro. Em segundo lugar, a educação facilitaria a disseminação deste conhecimento e estaria disponível para diferentes categorias dentro das comunidades locais. Por conseguinte, é provável que a adoção seja conseguida num curto espaço de tempo.

5.3 : Posse da terra, posse da área e uso da terra:

Parece que o sistema de posse de terra consuetudinário é o tipo mais comum de propriedade de terra na área de estudo. O quadro (3) mostra a propriedade da terra, em que 80% dos aldeões afirmaram ter a posse livre das suas terras. Geralmente, a área das terras agrícolas varia entre 5 -20 feddans (0,42 ha). A propriedade é normalmente distribuída entre agregados familiares e famílias.

Tabela (5-3): Posse de terra e posse de área.

Localidades	Propriedade	Área (fd)				
		Menos 5	5-10	11-15	16-20	21-m
At-Tadamon	41	28	9	5	1	4
Ad-Dueim	46	6	14	8	2	18
Um-Rimta	40	5	11	3	2	21
Total	127	39	34	16	5	43
%(percentagem)	79.9	24.5	21.4	10.1	3.1	27

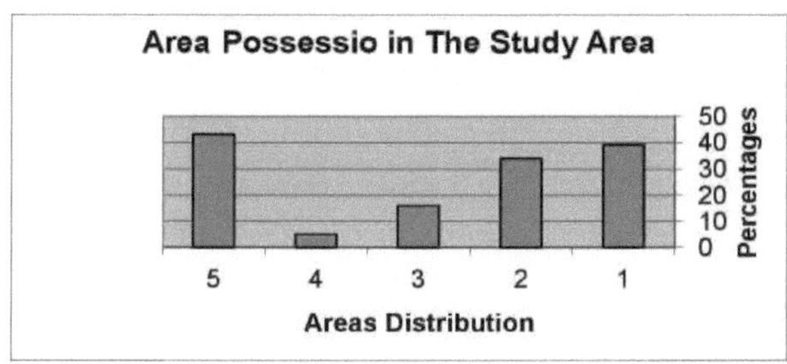

Como se pode ver no quadro acima, nas três localidades, quase metade da comunidade possui terras, 41%, 46% e 40%. Enquanto que em toda a área, quase 80% possuem as suas terras privadas. Quanto à aquisição de terras por família, 24,5% possuem uma área de terra inferior a 5 feddans, 21,4% possuem uma área de terra igual a 5-10 fd. A área de terra varia entre 1-15 fd e é propriedade de 10,1% dos inquiridos. As famílias que possuem áreas de terreno entre 16-20 fd registam apenas 3,1% e a posse de áreas relativamente grandes corresponde a 27% dos inquiridos. As famílias numerosas que possuem grandes áreas agrícolas não são comuns nas aldeias da área de estudo. A distribuição homogénea das terras pode ser atribuída à homogeneidade da estrutura da comunidade, que se sabe estar fortemente ligada e ser maioritariamente fechada e de parentes próximos. Esta estrutura é comum e semelhante em quase todas as partes do Sudão. As famílias encontram-se tradicionalmente distribuídas em determinados territórios geográficos, bem como em número. Isto tem um efeito muito positivo sobre as famílias e os laços existentes entre elas, que também se estendem a todos os tipos de actividades que visam o bem-estar das comunidades rurais.

A utilização local da terra é um importante fator de influência da população rural em relação à terra. A conservação da cobertura vegetal natural, o estatuto económico, o bem-estar das comunidades, bem como as actividades de desenvolvimento e os projectos dependem muito da forma como as pessoas rurais utilizam a terra. Na área de estudo, a subsistência das necessidades quotidianas é conseguida através de práticas agrícolas. Os resultados apresentados no quadro (4) mostram que mais de 60% dos inquiridos praticam a agricultura. A agricultura tradicional, quer se trate de plantações em socalcos, dunas de areia e culturas de topo, todas estas práticas não revelam qualquer melhoria dos sistemas agrícolas. 21,4% dos inquiridos praticam agricultura e pastagem, apenas 14,5% utilizam a prática do pousio. Práticas como rotações agrícolas são apenas 17,6%. 1,3% revelaram outros usos que incluem o cultivo de vegetais e o aluguer das suas explorações para o fabrico local de tijolos.

Quadro (5- 4): utilização dos solos na zona de estudo.

Localidade	Utilização do solo					
	Agric	Gama agrícola	Pousio	Planta Tr	R Agrc	Outros
At-Tadamon	27	11	8	4	22	1
Ad-Dueim	37	13	7	0	5	0
Um-Rimta	34	10	8	0	0	1
Total	98	34	23	0	28	2
% (percentagem)	61.6	21.4	14.5	2.5	17.6	1.3

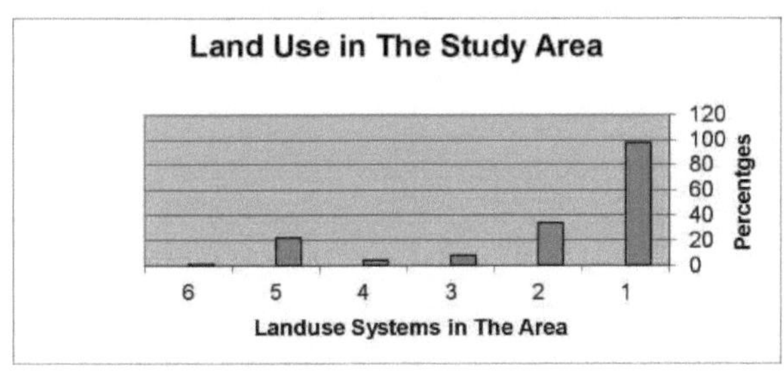

As práticas agro-florestais, como os quebra-ventos, os lotes de madeira e as culturas em faixas, estão praticamente ausentes e nem sequer são consideradas. O estudo mostrou que 2,5% dos inquiridos praticam plantações de árvores, o que é conhecido por ser de grande valor para as culturas, aumento de séries e conservação do solo e práticas de pastagem. A percentagem mais baixa apresentada na tabela para a plantação de árvores refere-se, obviamente, a plantações de árvores em casas de família e pode ser adicionada a plantações em escolas, mesquitas e unidades de centros de saúde. A plantação de árvores nas explorações agrícolas tem de ser reforçada e lançada na zona durante um período de tempo suficiente para ser adoptada pela população rural e pelas comunidades locais.

As inovações de diferentes estruturas só serviriam para melhorar as práticas agrícolas se estivessem associadas a um planeamento cuidadoso da extensão e ao polimento e orientação dos conhecimentos indígenas.

5.4 . Rendimento e empregos comuns na área de estudo.

O rendimento dos agregados familiares e os empregos predominantes numa comunidade reflectem o estatuto económico das famílias e a estabilidade da comunidade. Esta estabilidade influencia certamente outros aspectos como a educação, a saúde, as actividades económicas e a estabilidade ambiental. O rendimento das famílias foi analisado neste estudo. De um modo geral, a pobreza é a situação predominante em toda a área. A tabela (5) mostra que 71,1% dos inquiridos têm um rendimento inferior a 300 SDG. O que não é suficiente para satisfazer as necessidades básicas quotidianas. Subsidiar o défice torna-se uma obrigação a ser cumprida através de outros recursos.

Tabela (5- 5) : Os empregos na área de estudo e o rendimento.

Localidade	Empregos	Rendimento

							mensal		
	Agricultores	Mrchant	Oficial	Herder	FTrader	Trabalhadores	300	600	601
At-Tadamon	15	5	28	2	1	15	44	8	7
Ad-Dueim	33	7	10	3	0	14	33	13	9
Um-Rimta	33	6	2	6	1	8	36	6	3
Total	81	18	40	11	2	37	113	27	19
% (percentagem)	50.9	11.3	25.2	6.9	1.3	23.3	71.1	17	11.9

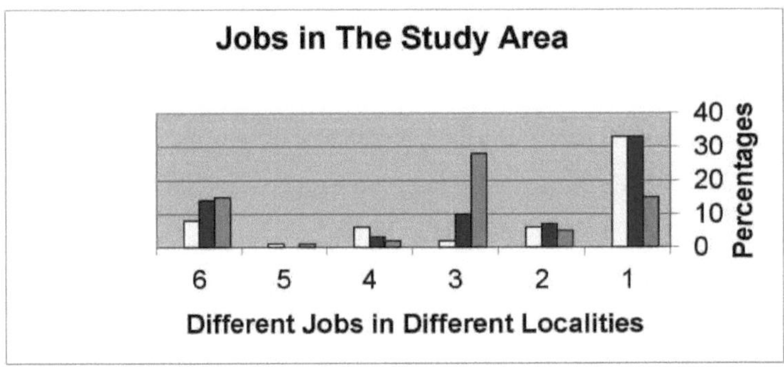

O quadro mostra claramente que menos de 12% da comunidade aufere um rendimento superior a 6oo SDG. 17% dos inquiridos têm um rendimento entre 301-600 SDG. Os empregos, como mostra a tabela, são: agricultores 50,9%, comerciantes 11,3%, funcionários 25,2%, pastores de animais 6,9%, comerciantes de produtos florestais 1,3% e trabalhadores 23,3%. Todos estes tipos de emprego não são suficientes para a família satisfazer as suas necessidades quotidianas. Viajar para o estrangeiro é uma das opções disponíveis para a população rural em termos de compensação, mas isso afecta a disponibilidade do grupo de jovens activos para participarem em projectos de desenvolvimento rural. Este é um fator importante na procura de uma situação melhor.

Os postos de trabalho relacionados com os produtos florestais são escassos e os menos importantes. De acordo com a análise da investigação, é de apenas 1,3 %. Algumas pessoas utilizam os produtos florestais para fins comerciais, uma vez que comercializam frutos de árvores a ponto de dependerem totalmente deles. Verificou-se que o preço de um saco de frutos de árvore, por exemplo *Ziziphus spinachristi* (*Nabag*), equivale a 30 SDG, o que é superior ao preço de um saco de Dura, o alimento local, em 20%. O preço de um saco de dura é de 25 SDG. Além disso, localmente, algumas doenças são curadas utilizando algumas partes de cascas de árvores ou frutos, ou podem ser comercializadas com estes produtos. Aparentemente, este tipo de conhecimentos e actividades não existe nas comunidades e na cultura comum. Seria altamente recomendável reforçar esta vertente. Os primeiros conhecimentos só estariam disponíveis e provavelmente só seriam adoptados se estivessem ligados aos conhecimentos indígenas. Balgis M.E. Elasha, (2006), afirmou que o conhecimento e as práticas agro-ecológicas indígenas são inseparáveis da agro-biodiversidade e, por isso, fundamentais nas estratégias agrícolas relevantes para a segurança alimentar e nutricional das famílias. Representam o eixo de ligação entre a população rural e o ecossistema, sendo importantes para garantir a segurança alimentar local e, ao mesmo tempo, manter sistemas agro-ecológicos sustentáveis. A diversificação das actividades agrícolas constitui um mecanismo local de gestão dos riscos climáticos. A promoção da diversificação agrícola opõe-se às abordagens estreitas das culturas e da agricultura, apoiadas pelos paradigmas modernos de desenvolvimento agrícola, e aumenta o controlo local sobre a produção alimentar e a nutrição (Balgis, 2006).

5.5 : Actividades agrícolas :

A tabela (6) mostra os detalhes das actividades agrícolas predominantes na área de estudo. Dois tipos de culturas agrícolas são encontrados dominando outras culturas. São elas o sorgo e o painço. Estas somam uma percentagem de 94,%, enquanto as outras culturas e os legumes representam um terço das culturas. Se tivermos em conta a agricultura de sequeiro e os sistemas de irrigação, é óbvio que, apesar da disponibilidade de água, a monocultura continua a ser o sistema agrícola predominante. É mais importante encorajar os sistemas multiculturais e especialmente os sistemas que incluem a agro-silvicultura. Este sistema poderá ser bem sucedido se estiver associado a oportunidades de actividades geradoras de rendimento mensal. Durante séculos, a população rural desta área costumava praticar a agricultura monocultora, num curto período de tempo, não superior a 3 meses. Especialmente durante a estação das chuvas, de julho a setembro. Durante o inverno - novembro-janeiro - só eram adoptadas outras práticas agrícolas se estivessem ligadas a um rendimento mensal adicional. Outro período de tempo que se estende de outubro a janeiro, ou seja, um período total de tempo de quase seis meses num ano, poderia servir como um fator de minimização do número de migrantes das zonas rurais, uma vez que estes têm oportunidades de promover o seu rendimento.

Em toda a área de estudo, a disponibilidade de água para irrigação referia-se quer ao Nilo, uma vez que esta fonte fornece água durante pelo menos seis a oito meses, quer às chuvas, que a população rural considera serem de abastecimento médio. A percentagem apresentada no quadro (6) é de 40% e 57% para as duas fontes mencionadas, respetivamente. Existe a possibilidade de alargar o período de tempo para actividades agrícolas adicionais.

A agro-silvicultura continua a ser o sistema adequado a ser introduzido nessa área, tanto para a proteção dos solos como para o fornecimento de forragem, sendo também uma fonte de actividades geradoras de rendimentos e de melhoria ecológica. As fontes de água na área de estudo, relacionadas com vales e ligações de água ou reservatórios, são escassas. As percentagens registam 3,8% e 2,5%, respetivamente.

Quadro (5- 6) : Culturas agrícolas e fontes de irrigação.

Localidade	Fonte de água				Água adequada			Culturas agrícolas				
	nilo	chuva	valioso	Bon	adqeq	Med.	poucos	dura	moinho	sems	bodega	outros
At-Tadamon	53	10	1	1	27	29	2	56	0	1	0	15
Ad-Dueim	11	40	2	2	24	23	5	13	38	22	10	22
Um-Rimta	0	42	3	1	10	29	3	2	41	19	3	16
Total	64	92	6	4	61	81	10	71	79	42	13	53
%(Percentagem)	40	57	3.8	2.5	38.4	50.9	6.3	44.4	49.7	26.4	8.2	38.3

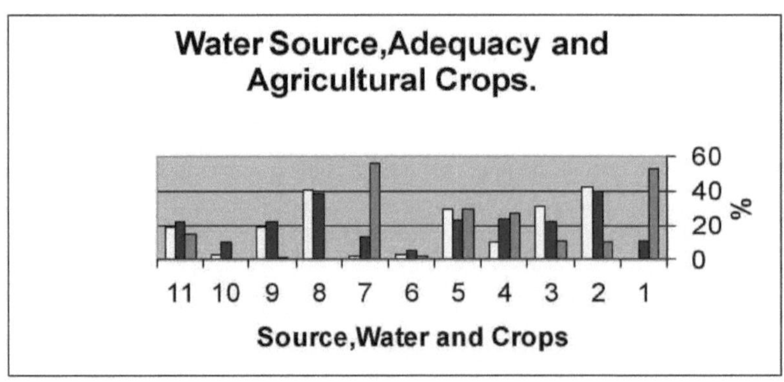

5.6 : Recursos florestais naturais e comunidades locais :

Os serviços florestais coloniais importaram as novas técnicas de silvicultura de base científica desenvolvidas na Europa. De facto, os recursos florestais no Sudão têm a sua própria identidade, bem como diferentes caraterísticas das comunidades locais. O quadro (7) mostra a perceção dos inquiridos sobre a cobertura vegetal em geral. 66% da população rural considera que se trata de uma dádiva de

Deus que está disponível para todos os habitantes da zona. Por outro lado, cerca de 20% pensam que é protetor ou produtivo.

O respeito pelas tradições e culturas locais constituiria um instrumento adequado para alcançar uma melhor utilização sustentada dos recursos naturais. Os tipos de floresta investigados são as reservas florestais, as florestas naturais, as florestas comunitárias e as florestas privadas. 59,7% da população rural considera as florestas naturais como o melhor tipo de floresta. Este facto reforça, naturalmente, a ideia de que as florestas são consideradas como uma dádiva de Deus, enquanto 18,9% sugerem as florestas de reserva como o melhor modelo de floresta. 15,7 % são a favor das florestas comunitárias e apenas 3,8 % são a favor das florestas privadas. 15,7 % e 3,8 % que são a favor das florestas comunitárias e das florestas privadas continuariam a ser uma percentagem promissora se considerarmos a ideia recentemente introduzida destes tipos de florestas, que não ultrapassa um período de tempo de duas a três décadas. Enquanto que a percentagem de florestas naturais (59,7%) acumulada num período de tempo superior a um século. Paul (2000), expressou um dos maiores obstáculos às verdadeiras responsabilidades comunitárias em muitas áreas, devido à longa tradição de oposição dos serviços florestais.

Tabela (5- 7) : Cobertura vegetal natural e leis florestais.

Localidade	Floresta de perceção tradicional				Leis florestais		
	presente	prtecção	Produto	outros	prtecção	Taxas	Ext
At-Tadamon	38	7	13	10	26	9	20
Ad-Dueim	32	13	16	15	30	22	0
Um-Rimta	35	9	8	5	18	23	0
Total	105	29	37	30	74	54	20

% (Percentagem)	66	18.2	23.3	18.9	46.5	34	12.6

A tabela mostra que as comunidades locais consideram as leis florestais como instrumentos de proteção da cobertura vegetal existente, 46,5%. Outros consideram a cobrança de taxas e a passagem de remoção como a principal tarefa das leis florestais (34%) e apenas 12,6% consideram a extensão como parte das leis.

Além disso, as alterações ecológicas registadas na década de 1990 levaram ao reconhecimento da gestão das florestas pelas comunidades rurais. Há muito trabalho inacabado, mas um novo contrato social está a tornar-se evidente e encorajador. Felizmente, esta mudança de ideias também foi afirmada por Kobbail (2004) que o principal objetivo da política florestal de 1986 era a reserva e o desenvolvimento de reservas florestais para fins de produção, proteção do ambiente e satisfação das necessidades da população em termos de produtos florestais. Também envolveu o reconhecimento e o encorajamento do estabelecimento de florestas privadas e institucionais.

Tabela (5- 8) : Tipos de florestas na área de estudo.

Localidade	Res.	Tipos de florestas preferidas			
		governo	natural	comunidade	privado
At-Tadamon	59	14	36	5	3
Ad-Dueim	45	10	30	11	2
Um-Rimta	45	6	29	9	1
Total	159	30	95	25	6
% (Percentagem)	100	12.6	59.7	15.7	3.8

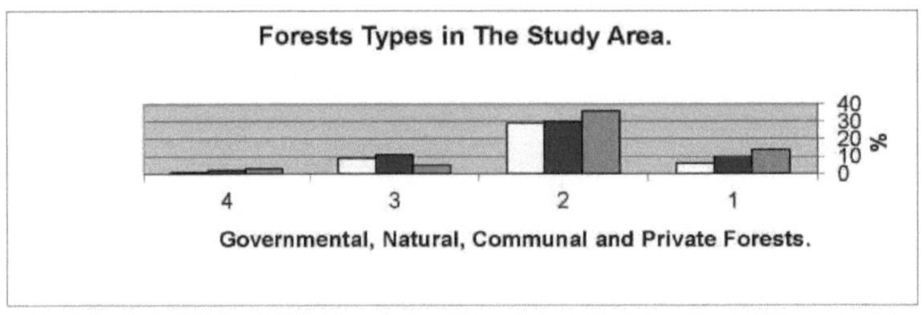

5.7 : Produtos florestais e actividades geradoras de rendimento :

As florestas, enquanto principal componente do coberto vegetal, e os seus produtos poderiam ser utilizados de diferentes formas para gerar rendimentos para as populações rurais pobres. Os séculos passam e as florestas e o coberto vegetal continuam a ser a fonte de abastecimento adequada e disponível para todas as necessidades básicas da vida. Diferentes comunidades, em diferentes zonas ecológicas, adoptaram os seus próprios métodos, de acordo com as suas tradições, e os sistemas de utilização que estão em harmonia com o abastecimento necessário.

Tabela (5- 9) : Coberto vegetal e modos de utilização tradicionais :

Localidade	Usos florestais na área					
	Postes	Combustível Madeira	Fruta	Proteção	Gama	Outros
At-Tadamon	28	27	9	11	8	7
Ad-Dueim	27	32	16	28	35	1
Um-Rimta	16	24	10	24	19	0
Total	71	83	35	63	62	8
% (Percentagem)	44.7	52.2	22	39.6	39	5

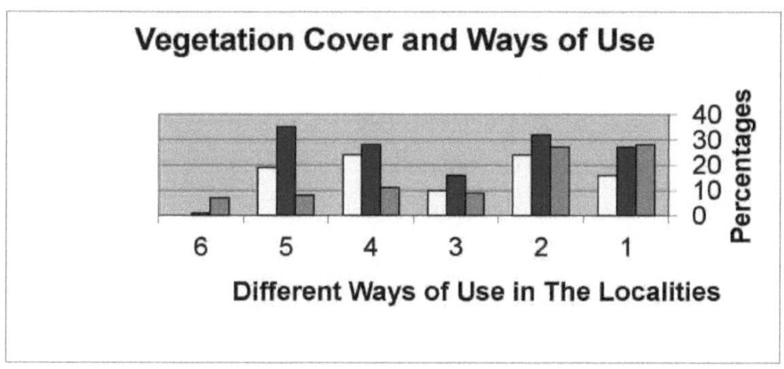

Estes sistemas de utilização podem, de vez em quando, ser influenciados por factores externos, quer ecológicos, quer da ação do homem. A filosofia que se mantém, ao longo do tempo, é a da sustentabilidade do abastecimento.

Pensa-se que o coberto vegetal da zona satisfaz as necessidades locais de muitas formas diferentes. Os sistemas de utilização abrangem uma vasta gama de actividades relacionadas com os sistemas de utilização da terra praticados. A tabela (9) mostra os diferentes benefícios para as comunidades rurais. Estes benefícios incluem o fornecimento de materiais de construção, cuja percentagem é de 44,7%. Cabanas, telhados, vedações, quase em todas as aldeias rurais, dependem de materiais de madeira recolhidos da cobertura vegetal que se estende desde árvores grandes, arbustos e ervas. As casas de campo locais são geralmente construídas e renovadas com produtos florestais e gramíneas. Utilizavam-se postes redondos para fixar a estrutura de uma casa de campo e depois postes pequenos para fixar as paredes entre as ervas. Uma quantidade considerável de ervas, com um comprimento não inferior a um metro, era entrelaçada para dar a forma final a uma cabana. As cercas consomem anualmente uma grande quantidade de varas de pequeno porte para construir a estrutura para as ervas serem erguidas. A renovação das cabanas e das cercas não poderia ser real sem a existência de uma cobertura vegetal.

Aquisição e fornecimento de lenha, uma vez que é conhecida por ser a única fonte de energia acessível nas zonas rurais, 52,2% dos inquiridos declararam que o carvão e a lenha são adquiridos nas florestas e na vegetação circundante. Embora a elevada percentagem de inquiridos considere a lenha importante, não pensa na sua aquisição de uma forma cientificamente positiva. As inovações para racionalizar estes benefícios ainda estão longe de serem postas em prática e adoptadas pelos habitantes locais. Um grande esforço da extensão é essencial para encontrar soluções para este problema.

A recolha de fruta é tradicionalmente praticada, como afirmado por 22% dos inquiridos, mas as comunidades pensam que aqueles que praticam este trabalho "recolha e comércio de fruta" são pessoas inferiores e desprezadas dentro da comunidade, pobres e pouco respeitáveis. Isto revelou uma contradição entre o facto de o fornecimento de energia (52,2%) e a recolha de fruta ser uma percentagem baixa (22%). Ambos são de grande valor para a população local. Os rendimentos provenientes da recolha de lenha e do fabrico de carvão vegetal só teriam valor se os benefícios pudessem ser mantidos para serem distribuídos pelas comunidades locais e as receitas obtidas fossem canalizadas para as pessoas pobres. O facto é que os comerciantes de fora das comunidades locais contratam pessoas pobres locais para a recolha - para fazerem o trabalho - e depois as receitas comerciais e os benefícios obtidos vão para as grandes cidades e para os comerciantes abastados.

As leis florestais podem vir a introduzir novas legislações que restrinjam o contrabando de benefícios para as cidades ou mesmo manter um grau de equidade na divisão das receitas entre os comerciantes e as pessoas pobres locais. O aumento das receitas para as pessoas pobres das zonas rurais seria uma óptima fonte de rendimento a favor do desenvolvimento das zonas rurais e da sustentabilidade extrema.

A proteção das terras tem uma percentagem de 39,6%, o que está próximo da percentagem de fornecimento e proteção das pastagens (39%). Tanto a proteção das terras como o fornecimento de pastagens/forragens são de importância vital. Estão diretamente ligados aos tipos de solo, à produção de culturas, ao pastoreio dos animais e a outras indústrias da carne e do leite. Não está apenas ligada à terra e às pastagens, mas está também fortemente ligada a uma série de actividades locais. A melhoria destes ambientes contribui, de facto, para aumentar as actividades lucrativas praticadas pelas comunidades rurais. No que respeita à agricultura, o coberto vegetal conserva os solos, especialmente os nutrientes e as caraterísticas físicas e químicas. Conservar a água através do abrandamento do escoamento nas dunas de areia e nas encostas. Assim, a percolação seria suficiente para o crescimento das culturas. Sem dúvida, isto aumenta o rendimento das famílias e o bem-estar da comunidade. Provisão de água em tempo de escassez. Existe uma tradição especial e um sistema de pastoreio praticado na área, que em tempos difíceis, quando a forragem é escassa, a população local costumava deslocar-se para a margem do Nilo. Em tempos de chuva, deslocam-se para lugares altos para evitar a humidade elevada e o pastoreio de erva húmida que, local e tradicionalmente, está associada a doenças do fígado do gado.

O coberto vegetal tende a recuperar na altura em que o gado se desloca para a zona do Nilo. Então as árvores ficam prontas para fornecer quantidade suficiente de forragem e boa qualidade de forragem em tempos de chuva. De facto, isto também é considerado como um fator que ajuda a manter animais com alta produtividade de carne e boa qualidade de leite, o que, por sua vez, proporciona uma fonte adequada de rendimento.

A sustentabilidade da provisão das necessidades básicas da vida é sempre a grande questão a responder, mas as actividades locais que dependem muito dos recursos naturais vão continuar. Por conseguinte, é essencial racionalizar a utilização dos recursos. Actividades como a produção de carvão vegetal, o comércio de diferentes produtos florestais e indústrias de pequena escala, como o fabrico de tijolos, a queima de pedra calcária e muitos outros instrumentos agrícolas, são formas possíveis de aumentar o rendimento das famílias.

Um sistema de gestão adequado deve proporcionar oportunidades para a prática dessas actividades. A expansão das plantações de árvores agrícolas poderia apoiar a existência de um coberto vegetal, bem como de matérias-primas a utilizar pela população local. Ainda assim, é necessário lançar experiências-piloto de forma corajosa e alargada. Precauções e garantias de sucesso convincente e brilhante de tais práticas para a população local devem permanecer como uma obrigação para a realização dos resultados desejados e outras consequências dependentes.

5.8 : Dependência local das florestas e actividades das populações locais:

A nível local, as comunidades rurais dependem do coberto vegetal a tal ponto que a vida pode não ser possível de continuar. Esta dependência local engloba diferentes actividades dos habitantes. Algumas destas actividades foram investigadas na área de estudo. A tabela (10) mostra a produção de carvão vegetal, as indústrias locais e o comércio de produtos florestais. As percentagens correspondentes são: 51,6%, 32,1% e 10,7%, respetivamente.

Tabela (5-10) : Dependência local das florestas e actividades das populações locais

Localidade	Actividades dos moradores			Dependência das florestas		
	Carregar prodctn	indústria local	comercia l	Elevado	medim	Fraco
At-Tadamon	42	15	9	8	29	22
Ad-Dueim	24	26	5	13	27	15
Um-Rimta	16	10	3	8	16	21
Total	82	51	17	29	72	58
% (Percentagem)	51.6	32.1	10.7	18.2	45.3	36.5

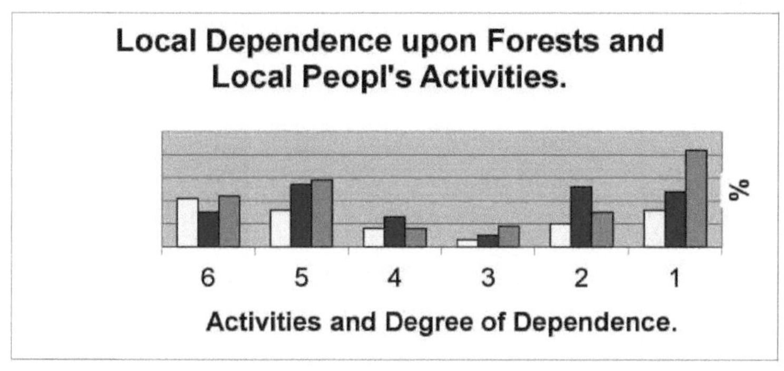

Foi investigado o grau de dependência das populações locais em relação às florestas, que se revelou elevado, razoável e fraco em percentagens de 18,2%, 45,3% e 36,5%, respetivamente. A dependência razoável (45,3%) parece abranger quase metade da população rural. As actividades acima mencionadas constituiriam um instrumento de sucesso adequado para aumentar o grau de dependência, mas com precauções e medidas e parâmetros que não devastem o coberto vegetal.

5. 9: Relação entre os serviços florestais e as populações locais:

O quadro (9) indica que as florestas e o coberto vegetal proporcionam uma série de benefícios aos habitantes locais, tais como postes de construção, produção e fornecimento de lenha, etc., numa percentagem considerável de 44% e 52%. Os serviços florestais do governo, com as regras e estratégias introduzidas na época colonial, interferem com este tipo de relações. Assim, parece que pode haver uma contradição e um cruzamento de benefícios entre as duas partes. Provavelmente, a relação entre ambas as partes não seria estreita. Esta contradição entre os serviços florestais e os habitantes locais terá, naturalmente, uma pressão negativa sobre qualquer tipo de adoção de inovação e, consequentemente, sobre a sustentabilidade dos recursos vegetais.

A investigação mostra os resultados na tabela (11). A relação forte regista uma percentagem de 17%, a relação média regista 32,7%, a relação fraca e a ausência de relação registam 28,3% e 21,4%, respetivamente. Aparentemente, a relação não tem qualquer efeito especial sobre a população rural. Uma relação frágil e ligeira não serviria de nada para a gestão do coberto arbóreo.

Tabela (5- 11) : Relação entre os serviços florestais e as populações locais.

Localidade	Relação entre silvicultores e habitantes locais				Tipo de relação			
	Forte	médico	fraco	Não	autorização	fábrica	ext	Parte
At-Tadamon	15	16	18	10	10	23	17	5
Ad-Dueim	7	18	15	15	5	8	22	6
Um-Rimta	5	18	12	9	12	1	21	3
Total	27	52	45	34	27	32	61	14
% (Percentagem)	17	32.7	28.3	21.4	17	20.1	38.4	8.8

Além disso, os tipos de relação variam entre a emissão de autorizações de licenças e de títulos de remoção (17%), as actividades de plantação (20,1%), as actividades de extensão (38,4%) e a participação em assuntos de gestão florestal (8,8%). A criação de confiança em relação a qualquer tipo de atividade florestal requer conhecimento e informação adequada. A participação em actividades florestais é, sem dúvida, a única forma possível de fornecer e/ou obter este tipo de conhecimentos, pelo que a silvicultura em geral não é uma das principais prioridades no âmbito das necessidades dos habitantes locais.

Infelizmente, os resultados mostram que apenas 8,8% dos inquiridos estão interessados em participar. Recentemente, foram descobertos diferentes domínios de participação, através dos quais esta situação pouco favorável poderia ser melhorada. A participação continua a ser um termo ambíguo, como afirma Shepherd (1990): "muitas pessoas utilizam a palavra para significar lavagem cerebral, por exemplo, para convencer os agricultores, contra as suas prioridades económicas, de que devem plantar árvores". Mas dá outros significados, sempre relacionados com níveis e graus que vão desde a contribuição do trabalho até ao controlo total dos recursos (Care, 1987). Por exemplo, questões de posse de terra, equidade nas quotas de produtos florestais, leis florestais e legislações na política florestal de 1986 que envolviam o reconhecimento e o incentivo do estabelecimento de florestas comunitárias, privadas e institucionais, esquemas de agricultores que conservam certas percentagens de cobertura de árvores. Todos estes tipos de práticas permaneceriam apenas como acções promissoras se não fossem reforçadas por programas de extensão bem concebidos que continuassem sempre a procurar o melhor.

Quadro (5-12) : Extensão e organismos responsáveis.

Localidade	Inquiridos	Ext Act	Organismos responsáveis		
			Floresta	ONG	Local Inst.
At-Tadamon	59	31	34	7	1
Ad-Dueim	55	14	10	1	4
Um-Rimta	45	5	5	0	3
Total	159	50	49	8	8
% (Percentagem)	100	32.1	30.8	5	5

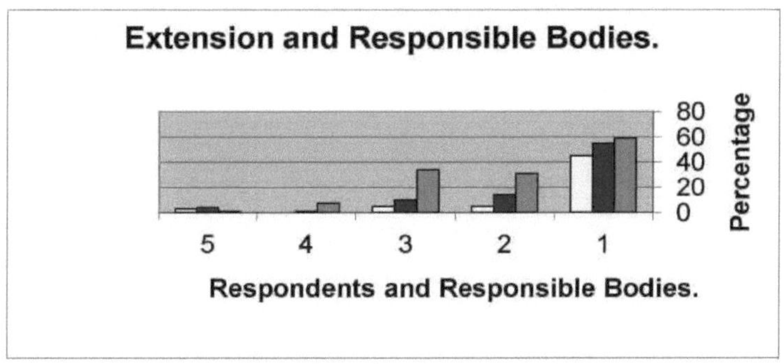

Para aumentar esta baixa percentagem (8,8%), é necessário reforçar a vontade de participação nas actividades florestais entre as pessoas pobres locais através de diferentes organismos responsáveis. Os inquiridos mencionaram três organismos diferentes, nomeadamente os serviços florestais, as ONG e as instituições locais. Surpreendentemente, os inquiridos mencionaram a percentagem mais elevada para os serviços florestais (30,8%). Embora

As ONG e as instituições locais registam 5% para ambas. Esta baixa percentagem aponta claramente para a necessidade de uma melhor conceção de projectos de silvicultura comunitária que integrem as necessidades das populações rurais pobres, se se pretende uma melhor adoção.

5. 10: Comunidades locais e sistemas agro-florestais tradicionais e recentemente percebidos:

O ICRAF identificou as metas e os objectivos da promoção da tecnologia agroflorestal como, em primeiro lugar, o aumento das interações positivas entre árvores, arbustos, cobertura do solo, culturas, gado, solo e água, de modo a aumentar e diversificar a produção total de uma determinada área de terra. Em segundo lugar, o aumento da produção para níveis que podem ser mantidos com os recursos disponíveis, e não criar uma condição para que os agricultores dependam de factores de produção que estão fora do seu alcance ou que simplesmente não estão disponíveis. Este é um dos sistemas agroflorestais recentemente percebidos que é facilmente praticado se ligado a actividades de extensão e apoiado por um longo período de tempo na área.

Tabela (5-13) : Tipos de florestas, terras e agro-florestas.

Localidade	Inquiridos	Tipos de florestas preferenciais				Ato agro
		gov	Natural	Com.	privado	
At-Tadamon	59	14	36	5	3	32
Ad-Dueim	55	10	30	11	2	28
Um-Rimta	45	6	29	9	1	15
Total	159	30	95	25	6	75
% (Percentagem)	100	18.9	59.7	15.7	3.8	47.2

A investigação das florestas tradicionais preferidas pela população rural é apresentada no quadro (8). Os resultados revelam que as florestas naturais continuam a ser o tipo de floresta preferido (59,7%). Os aspectos que abrangem o papel das florestas apresentados anteriormente ainda não são comuns, mas ainda assim um número considerável de pessoas prefere introduzir árvores nas suas próprias terras. A Tabela (13) mostra que um número considerável de inquiridos, que atinge uma percentagem de 47,2%, parece estar ciente das vantagens da plantação de árvores. Apesar da existência de alguns obstáculos à plantação de árvores, como a crença tradicional de que as árvores podem albergar aves ou algumas doenças endémicas, vale a pena servir práticas como a agrofloresta nas suas diferentes formas e tipos.

6. 11: Participação e silvicultura nas zonas rurais:

Os principais beneficiários da silvicultura comunitária são as comunidades rurais (FAO, 1998). A participação reconhece o papel central das pessoas na direção das suas próprias vidas. Considera que se as pessoas forem levadas a aperceber-se dos seus próprios problemas, e honestamente convidadas a sugerir em conjunto soluções para os problemas identificados, trabalharão voluntariamente no sentido de remover esses constrangimentos e, consequentemente, melhorar as suas vidas (Granholm, 1991). A participação permite que as pessoas se expressem livremente e faz emergir a sua capacidade de inovação. Incentiva as pessoas a alargarem a sua energia, tempo e outros recursos locais para gerar mais recursos com a comunidade. Evita simplesmente o desperdício de recursos (Granholm, 1991). A participação é considerada como uma contribuição voluntária das pessoas para programas públicos que supostamente contribuem para o desenvolvimento natural, mas não se espera que as pessoas tomem parte na partilha dos programas, nem que se envolvam nos esforços de avaliação desses programas. A participação pode ser definida como o processo pelo qual as populações rurais são capazes de se organizar e, através das suas próprias organizações, são capazes de identificar as suas necessidades, partilhar a tomada de decisões, a implementação e a avaliação das acções de participação (FAO, 1992).

Muitos dos efeitos ecológicos e ambientais indesejáveis provocados pela desflorestação indicam claramente a necessidade de participação. Muitos esforços tentaram e ainda procuram desenvolver novos sistemas como a silvicultura comunitária, a silvicultura social, que englobam um conjunto de estratégias de gestão em que os aspectos da participação local e da distribuição equitativa dos produtos e benefícios florestais são o núcleo dos objectivos.

Na área de estudo, os projectos lançados durante um período superior a duas décadas, apesar dos resultados aparentemente positivos, ainda existem alguns constrangimentos gerais para uma forte participação. Estes constrangimentos são:

1- Não existe uma necessidade premente de lotes de madeira colectivos.

2- Disponibilidade de terrenos.

3- Limitação percebida e diferentes incentivos para as áreas florestais comunitárias

4- Insegurança quanto ao direito de acesso aos produtos arbóreos para diferentes grupos.

5- Resultados negativos da legislação dos serviços florestais.

6- Desconfiança nas instituições locais.

7- Benefícios a longo prazo das florestas e das árvores.

8- Disponibilidade de mão de obra.

Tabela (5- 14) : Grau de Participação em Florestas Naturais e o Grau de Exigência de Actividades Participativas.

Localidade	Participação nas florestas	Formas de participação			Grau de exigência			
		prtção	Semente	utilização	Elevado	Med	Fraco	Não
At-Tadamon	35	29	18	4	14	28	11	6
Ad-Dueim	45	44	3	3	32	16	1	2
Um-Rimta	42	43	0	5	30	12	0	2
Total	122	116	21	12	76	56	12	10
% (Percentagem)	76.7	73	13.2	7.5	47.8	35.2	7.5	6.3

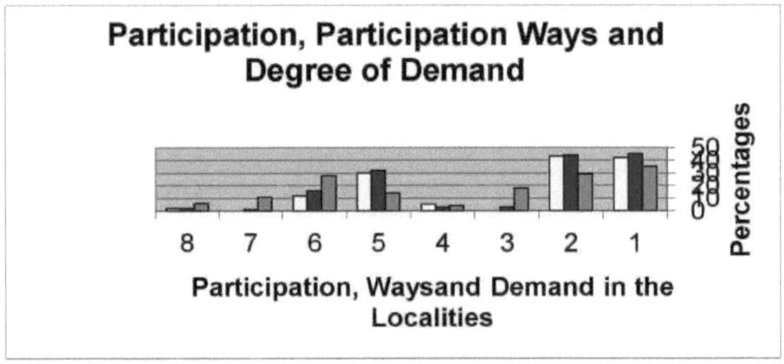

A análise do grau de participação da população rural no coberto vegetal natural, juntamente com o grau de aplicação de diferentes actividades participativas, revelou que 76,7% dos inquiridos participam de uma forma ou de outra nas florestas naturais da sua área de residência. Mas este tipo de participação restringe-se sobretudo à proteção do coberto vegetal existente. 73% têm a ideia de proteger as árvores para efeitos dos benefícios diretos que obtêm, sem qualquer outra forma de inovação para melhorar esses benefícios. A maximização dos benefícios pode significar simplesmente a utilização máxima dos produtos florestais para satisfazer as necessidades locais e, em certa medida, para melhorar a situação económica das zonas rurais. A utilização vertical e horizontal poderia acrescentar actividades de participação física, como a plantação de mudas, que regista uma percentagem baixa. Apenas 13,2% praticam esta atividade entre a população rural. O plantio de mudas proporciona, com certeza, uma grande chance de acumulação de conhecimento, além de futura fonte de renda. A participação de outro ponto de vista, como racionalização do uso e exploração das árvores para encontrar a sustentabilidade, ainda está extremamente distante do entendimento da população local. Os resultados mostram que apenas 7,5 % dos inquiridos acreditam neste tipo de benefícios. Assim, é urgente um apelo extremo à recomendação de um programa de extensão para melhorar esta situação. Por outro lado, o grau de aplicação das actividades florestais na área é investigado. Este varia entre alto, médio, fraco e não encontrado. As percentagens são 47,8 %, 35,2 %, 7,5 % e 6,3 %, respetivamente.

83 % dos inquiridos (procura elevada e média) acreditam que a área necessita urgentemente de tais actividades para mitigar as situações más e piores que prevalecem na área. Os serviços florestais precisam de se apresentar fortemente na resolução de diferentes problemas ecológicos, agrícolas e económicos. A informação e o conhecimento sobre a importância e os danos da escassez de cobertura vegetal devem estar disponíveis para os diferentes grupos rurais. As culturas agrícolas, as culturas e as indústrias baseadas em animais também podem ser incentivadas de qualquer forma. A garantia de uma distribuição equitativa dos produtos florestais e os mercados locais de produtos florestais poderiam servir de centros para facilitar este tipo de interação comunitária.

Tabela (5-15): Obstáculos à participação na área de estudo.

Localidade	Obstáculos à participação				
	Terreno curto	Desconfiança	Não importar.	Culturas agrícolas	Outros
At-Tadamon	45	21	6	17	3
Ad-Dueim	4	13	15	17	12
Um-Rimta	4	3	13	8	13
Total	53	37	34	42	28

%(Percentagem)	33.3	23.3	21.4	26.4	17.6

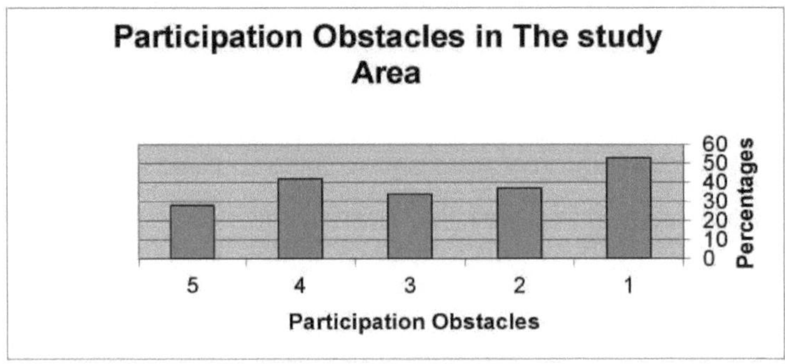

5. 12: Comunidades rurais, género e participação na gestão dos recursos naturais:

As mulheres das comunidades rurais têm muito a dizer e a fazer em diferentes domínios. Embora existam alguns sinais positivos da contribuição feminina na vida, essas contribuições continuam a enfrentar obstáculos e a ser prejudicadas por muitos factores. De facto, as mulheres representam metade da população, se não mais. O conhecimento que possuem é de importância vital para a vida quotidiana. Elas desempenham um papel na transformação dos alimentos e nas responsabilidades alimentares do agregado familiar. As competências das mulheres podem, normalmente, chegar à comercialização e ajudar na situação económica. A educação das crianças também pode ser melhorada por mulheres alfabetizadas.

Tabela (5- 16): A Participação do Género e Formas de Envolvimento.

Localidade	Envolvimento das pessoas				Grupo de parceria	
	inc	conhecer	chumbo	Outros	Mulheres	homens
At-Tadamon	20	9	25	12	100	47
Ad-Dueim	7	22	24	2	10	41
Um-Rimta	0	29	22	1	10	34
Total	27	60	71	15	30	122
% (Percentagem	17	37.7	44.7	9.4	18.9	76.7

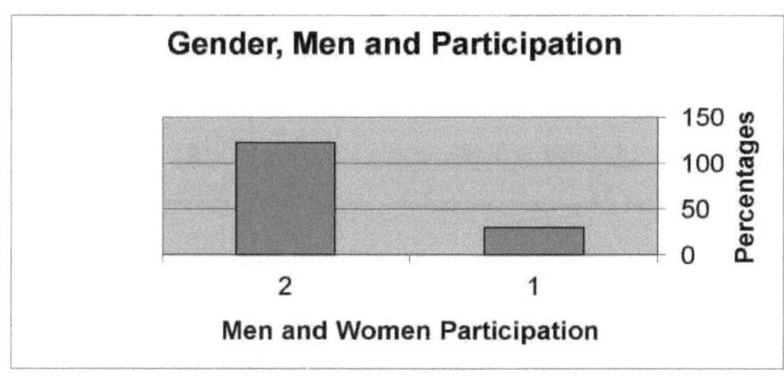

O género das comunidades rurais é de grande valor e influência na vida. Especialmente quando estão em causa questões como os recursos naturais. A maior parte do conhecimento indígena é propriedade das mulheres, pois estas têm uma relação direta com o fornecimento e a recolha de energia. A lenha, o carvão vegetal, a recolha de frutos de árvores, a recolha de sementes e as indústrias caseiras são tarefas que tradicionalmente são praticadas pelas mulheres. Para racionalizar e melhorar a utilização da cobertura vegetal na área de estudo, é necessário consultar e investigar oportunidades e formas de participação das mulheres e o seu envolvimento em projectos e actividades que sirvam o bem-estar da comunidade. O quadro (16) apresenta os resultados relativos ao envolvimento das pessoas e dos grupos que participam nas comunidades locais. A participação das pessoas é conseguida através da oferta de incentivos, reuniões, influência dos líderes e outras razões como desejos pessoais.

As percentagens registadas são as seguintes: 17%, 37,7%, 44,7% e 9,4%, respetivamente, para as causas acima mencionadas. As reuniões e a influência dos líderes nas comunidades foram consideradas as causas mais eficazes, pelo que é conveniente reforçar estes dois aspectos. Parece que os pobres das zonas rurais ainda respeitam e obedecem aos seus líderes e são mais obedientes quando se sentem respeitados em reuniões diretas. A participação das mulheres registou 18,9% dos inquiridos e a dos homens 76,7%. A participação do género ainda é baixa e necessita de mais trabalho de extensão profissional para aumentar a sensibilização e o conhecimento. Isto leva à necessidade e à convicção de reforçar o seu papel e à necessidade vital de assistência prática através de actividades que lhes permitam possuir florestas e árvores nas suas sociedades, quer individualmente quer através de grupos e comités.

A representação das mulheres em organizações e instituições de liderança é importante. No entanto, a representação não é suficiente se não houver influência na tomada de decisões. É evidente que um maior respeito pelas mulheres passaria pela posse de dinheiro próprio e pela criação de oportunidades de obtenção de rendimentos independentes. O reforço do estatuto cultural das mulheres passaria provavelmente também pela informação e pelo conhecimento. A utilização dos recursos naturais e da cobertura vegetal pelas mulheres poderia ser uma das formas mais brilhantes de aumentar as oportunidades de desenvolvimento rural.

5. 13: Organizações Rurais Locais e Cobertura Vegetal:

No Sudão, tal como em todos os países africanos, a sua dependência do coberto vegetal e das florestas para as necessidades da vida quotidiana tende a ser ignorada por muitos funcionários responsáveis pelo desenvolvimento e pelos projectos. As florestas fornecem uma abundância de alimentos essenciais e produtos farmacêuticos, madeira e fibras de todos os tipos e o ambiente para os animais selvagens e domésticos de que as pessoas necessitam. A vegetação florestal alimenta os dois grupos de animais, a vida selvagem e o gado, que, por sua vez, podem produzir produtos que satisfazem as necessidades humanas, como carne, leite, peles, ovos, etc. A vegetação florestal também fornece alimentos que cobrem, bebidas "carne do mato", peixe, folhagem, frutos, goma e mel, legumes (rizomas). A vegetação florestal fornece fibras que são de grande importância para as comunidades rurais. São utilizadas para fazer cestos, esteiras, cordas, mobiliário e na construção de casas. As fibras de qualidade podem encontrar um mercado no estrangeiro para o fabrico de escovas e trabalhos em vime. As palmeiras Doum fornecem fibras de alta qualidade.

As comunidades rurais do Sudão praticam e obtêm todos estes benefícios do coberto vegetal. Mas ainda existem alguns constrangimentos que impedem a sua utilização correta para ajudar no desenvolvimento rural. Esses constrangimentos são a falta de base de conhecimentos, a ambiguidade da posse da terra, a política de equidade e o apoio institucional e a equidade na representação dos diferentes grupos da comunidade rural.

Tabela (5-17) : Organizações Rurais Locais.

Localidade	Organização local	Tipos de organizações locais					
		agricultores	pastor	copertiv	mulheres	Juventude	outros
At-Tadamon	51	47	3	8	6	20	1

Ad-Dueim	44	26	8	17	21	29	1
Um-Rimta	33	7	2	3	23	11	2
Total	128	80	13	28	50	60	4
% (Percentagem)	80.5	50.3	8.2	17.6	31.4	37.7	2.5

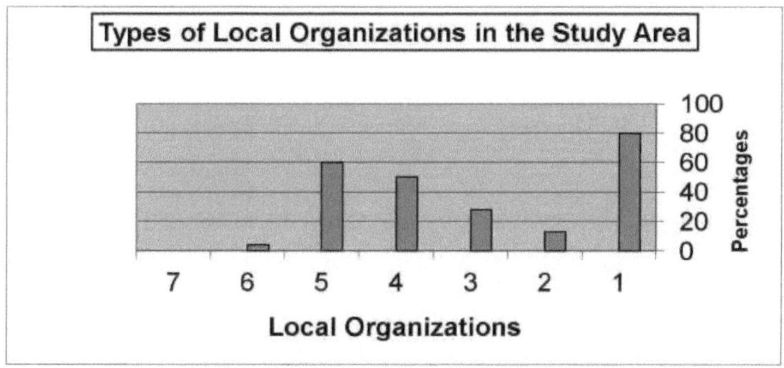

As organizações locais na área de estudo são investigadas, como mostra a Tabela (17), cujos resultados são: a presença de organizações rurais regista 80,5% e diferentes tipos destas organizações locais, tais como agricultores, pastores, mulheres e associações de jovens. 50% afirmaram que os agricultores têm as suas organizações, mas os pastores apresentam a menor percentagem (8,2%). Embora as florestas representem pastagens naturais e recursos para a vida doméstica e selvagem, nem sempre recebem os cuidados pretendidos. A representação equitativa de todas as instituições rurais serviria certamente para o desenvolvimento da região de uma forma fiável. A cobertura florestal e, num sentido mais lato, toda a cobertura vegetal poderiam absorver todo o tipo de conhecimentos indígenas, conhecimentos de base e equidade na distribuição de benefícios. Isto só se tornaria realidade se todas as actividades de desenvolvimento pretendidas tivessem um espaço mais alargado para abranger as organizações rurais locais e as considerações de ideias de base, juntamente com um grau de perceção suficiente para as novas inovações em questões relacionadas com os recursos naturais.

Tabela (5-18) : Objectivos das Organizações Locais.

Localidade	Órgão local.	Objectivos

		Desenvolvimento	Serviço agrícola	Extensão
At-Tadamon	51	32	16	11
Ad-Dueim	44	32	14	9
Um-Rimta	33	31	2	12
Total	128	95	32	32
% (Percentagem)	80.5	59.7	20.1	20.1

Durante mais de três décadas, as ONG lançaram muitos programas florestais em zonas rurais. As florestas e as árvores têm, em todo o mundo, um efeito profundo no ambiente a nível local, regional e global. Sublinha-se que a produção sustentável de alimentos depende de um ambiente favorável e estável. Algumas ONG trabalham nesta área, por exemplo, Finnida, Unso, Plan

Internacional, OIT, etc., centrando as suas actividades na plantação de árvores como meio de reabilitar o coberto vegetal para alcançar a estabilidade ambiental.

Tabela (5- 19) : Presença de ONG na área de estudo e suas actividades.

Localidade	Organizações estrangeiras	Actividades das ONG			
		Ext	Proteger	Semente dist	Distrito de Seedl
At-Tadamon	32	23	12	6	18
Ad-Dueim	45	28	6	8	17
Um-Rimta	38	25	7	4	22
Total	115	76	25	57	130
% (Percentagem)	72.3	47.8	15.7	35.8	81.8

As comunidades rurais têm uma ideia da presença destas ONG, tendo 72,3% das respostas revelado o seu conhecimento dos projectos. Ainda assim, as atividades que variam entre atividades de extensão, proteção da cobertura vegetal, distribuição de mudas e sementes têm perceção diferente entre a população rural. 47,8% dos entrevistados conhecem (algo) sobre as ONGs de extensão. Esta percentagem, embora seja suficiente para o início, mas uma percentagem mais elevada da população (53,2%) precisa de estar ciente dos benefícios da cobertura vegetal. As actividades de proteção do coberto vegetal registam 15,7%, o que corresponde à ideia de que as florestas ainda são consideradas como uma dádiva divina. A proteção pode não ser considerada como uma necessidade ecológica científica. A distribuição de sementes e de plântulas é de 11,3% e 35,8%, respetivamente. O aumento da percentagem de distribuição de plântulas pode ser atribuído às plantações caseiras e não às plantações agrícolas, que são, de facto, as mais práticas e dignas de serem encorajadas, por razões como a conservação do solo e a proteção das plantas, para além dos seus valores de outros produtos florestais não lenhosos.

Quadro (5-20) : Presença das ONG e seu grau de aceitação.

Localidade	Organizações estrangeiras	Aceitação dos inquiridos		
		Voluntário	obrigatório	Não aceitar.
At-Tadamon	32	43	5	10
Ad-Dueim	45	47	1	1
Um-Rimta	38	40	0	0
Total	115	130	6	11
% (Percentagem)	72.3	81.8	3.8	6.7

A perceção das populações rurais em relação às actividades das ONG difere muito entre a aceitação livre das actividades, a aceitação obrigatória e a não aceitação. As percentagens registadas são 81,8 %, 3,8 % e 8,8 %. Aconselha-se vivamente o lançamento de actividades de acordo com o grau de aceitação e perceção livre/voluntária, ou seja, a imposição de qualquer tipo de actividades não levaria a lado nenhum, nem a resultados positivos nas actividades de desenvolvimento rural.

Tabela (5-21) : As ONG e a sua influência nas populações rurais.

Localidade	Grau de adoção				Razões de fraqueza		
	elevado	médico	fraco	Não	desconfiança	Terreno curto	Outros
At-Tadamon	2	31	20	6	17	10	6

Ad-Dueim	13	25	11	2	4	3	12
Um-Rimta	21	19	2	3	2	0	4
Total	36	75	33	11	23	13	22
% (Percentagem)	22.6	47.2	20.8	6.9	14.5	8.2	13.8

De um modo geral, os objectivos das ONG, através de diferentes actividades, foram orientados para o alcance de sistemas de gestão sustentável dos recursos naturais. Os diferentes grupos-alvo nas zonas rurais foram visados da mesma forma e com o mesmo grau. Factores como o grau de adoção são um passo em frente para o desenvolvimento. Em seguida, o grau de adoção foi investigado na área de estudo e as percentagens registadas são as seguintes 22,6 % são fracas e apenas 6,9 % afirmam que não existe qualquer adoção. 47,2 % não é suficiente e não é satisfatório. Por conseguinte, as razões para a fraqueza mencionam a desconfiança, a falta de terra e a falta de terra e outras razões, por exemplo, a necessidade de colheitas rápidas, legumes e a situação financeira. A desconfiança regista 14,5%, 8,2% a falta de terra e 13,8% outras razões. Todas as percentagens acima referidas são baixas e não são convincentes como factores importantes que impedem a adoção e o desenvolvimento. Assim, parece que a educação é um dos principais factores que podem disseminar o conhecimento e melhorar os diferentes métodos e formas de desenvolvimento rural.

Capítulo VI

Conclusões e recomendações

6.1 : Conclusões :

- Tradicionalmente, as comunidades rurais estão fortemente consolidadas através da sua cultura e religião herdadas, cuja intrusão é difícil para os forasteiros e só seria possível através da criação atempada de confiança, especialmente para as mulheres.

- Obviamente, parece que a educação na área é suficientemente elevada (50%) para a perceção de qualquer tipo de actividades de desenvolvimento, mas ainda assim as sociedades são na sua maioria agricultores e, em menor grau, pastores. Não é provável que apareçam sinais de mudança de padrão de vida e as responsabilidades para com as famílias só podem encorajar uma espécie de influência de mudança na estrutura familiar se a educação for orientada para aumentar as hipóteses e oportunidades de vida, melhorando a compreensão da "consciência".

- As comunidades locais utilizam, ao longo do tempo, o coberto vegetal natural em sistemas e formas diferentes dos conhecimentos adquiridos através de experiências científicas. O conhecimento indígena é o quadro estável no qual todos os tipos de sistemas de utilização são utilizados. As florestas são vistas apenas como "produtos principais". Os benefícios restringiam-se à madeira, ao carvão vegetal, à lenha e aos PFNM enquanto actividades, fonte de benefícios e rendimentos que influenciam a vida quotidiana, são sempre menores, por vezes desprezados e ignorados pelos habitantes. Um espetro mais amplo de visão da utilização da cobertura vegetal continua a ser uma grande questão a ser respondida. Poucas categorias nas comunidades rurais apreciam as florestas e as árvores numa visão que inclua aspectos ecológicos, culturais e sociais. Este facto reforça a definição de "PFNL" como todos os bens para uso comercial, industrial ou de subsistência derivados das florestas e da sua biomassa".

- A relação das comunidades locais com o coberto vegetal mantém-se inalterada durante séculos. A produção de madeira continua a ser a primeira prioridade nesta relação. Há mais de cem anos que as populações rurais preferem e aderem às florestas naturais. Consideram as leis florestais como instrumentos de proteção para a existência de árvores. As inovações que visam maximizar a utilização e os benefícios da cobertura vegetal ainda estão longe dos conceitos de adoção e sustentabilidade. Este estudo mostra que 66% e 59,7% são as percentagens de camponeses rurais que consideram as florestas como dádivas de Deus e como tipos de florestas naturais.

- Obstáculos expressos às responsabilidades genuínas da comunidade relativamente ao coberto vegetal em muitas zonas, devido à longa tradição de oposição dos serviços florestais. Embora as mudanças ecológicas ocorridas na década de 1990 tenham levado ao reconhecimento da gestão das florestas pelas comunidades rurais e um novo contrato social esteja a tornar-se evidente e encorajador, ainda há muito por fazer. A política florestal de 1986, cujo principal objetivo era a reserva e o desenvolvimento de serviços florestais para efeitos de produção, proteção ambiental e satisfação das necessidades da população em termos de produtos florestais. O reconhecimento e o incentivo à criação de florestas institucionais, comunitárias e privadas são essenciais. Isto seria possível através de uma divulgação urgente dos conhecimentos por intermédio de organismos e/ou sistemas de extensão bem concebidos, a fim de dar resposta às prioridades das necessidades em toda a região.

- A sustentabilidade da provisão das necessidades básicas de vida que provêm da cobertura vegetal é incerta na área de estudo, mas as actividades locais que dependem muito dos recursos naturais são contínuas. É essencial racionalizar a utilização dos recursos naturais, especialmente das florestas e das árvores. Actividades como a produção de carvão vegetal, o comércio de diferentes produtos florestais (sementes e frutos) e indústrias de pequena escala, como o fabrico de tijolos, a queima de pedra calcária e muitas outras ferramentas agrícolas, são formas possíveis de aumentar o rendimento das famílias. As leis florestais, as novas legislações que restringem o contrabando do dinheiro ganho com os produtos florestais para as cidades ou mesmo a manutenção de um certo grau de equidade na divisão das receitas entre os comerciantes e os trabalhadores locais (pessoas pobres) mostram um sinal positivo de que o aumento das receitas para a população rural serviria como uma grande fonte de rendimento a favor do desenvolvimento das zonas rurais. No entanto, a dependência local da cobertura vegetal, se for utilizada com sucesso para satisfazer necessidades essenciais, deve manter-se dentro de precauções e medidas para não devastar a existência de árvores e florestas. A plantação abundante de árvores nas explorações agrícolas, bem como a plantação (em qualquer lugar) perto de casas, instituições, mesquitas, escolas, unidades de saúde e plantações de ruas, poderia apoiar a existência de um coberto vegetal juntamente com o fornecimento de matérias-primas a utilizar por todos os grupos da população rural.

- Os serviços florestais do governo, com as regras e estratégias introduzidas pelo colonialismo durante um século inteiro, não tiveram qualquer efeito especial sobre as populações rurais. A desconfiança entre os serviços florestais do governo e as comunidades rurais precisa de ser alterada por algum tipo de participação forte. É lamentável constatar que, ao longo de cem anos de trabalho e de programas de gestão para utilização pela população rural, a percentagem de participação é de apenas (8,8%) em todos os domínios de participação nos recursos naturais.

- As interações ecológicas e económicas entre os diferentes componentes dos sistemas agro-florestais ajudam a preservar a integridade das terras agrícolas. Os sistemas agro-florestais englobam práticas tradicionais de utilização das terras que dependem de árvores e arbustos e técnicas recentemente desenvolvidas que integram plantas lenhosas perenes numa variedade de sistemas de utilização das terras, a fim de as tornar mais produtivas. Por conseguinte, a preservação do coberto vegetal é adequada para a agrossilvicultura, uma vez que as árvores têm um impacto profundo no ambiente a vários níveis. As árvores asseguram e preservam a integridade das terras agrícolas, protegendo o solo da erosão e estabelecendo encostas e outras áreas frágeis na área de estudo.

- As florestas têm contribuições diretas e indirectas para a produção alimentar. Promoção das tecnologias agro-florestais como aumento das interações positivas entre árvores, arbustos, cobertura do solo, culturas, gado, solo e água, de modo a aumentar e diversificar a produção total de uma determinada área de terra. Apesar de todas estas ideias recentemente defendidas e dos benefícios que se crêem, existem alguns obstáculos relacionados com as tradições locais. Por isso, vale a pena na área de estudo e é de valor notável lançar programas de encorajamento e adoção dos sistemas agro-florestais recentemente inventados nas suas diferentes formas e tipos.

- A participação, enquanto instrumento que permite às pessoas identificar os seus problemas, reconhece o papel central das pessoas na direção das suas próprias vidas. Também incentiva as pessoas a gastarem a sua energia e tempo e a evitarem o desperdício de recursos. Existem alguns constrangimentos gerais que se opõem a uma participação genuína, entre os quais a disponibilidade de terras, a posse de terras, a desconfiança em relação às instituições florestais locais, os diferentes incentivos e os benefícios a longo prazo das florestas e das árvores.

- Apesar dos constrangimentos acima mencionados, a necessidade de participação existe para 76,7% na área e um total de 83% candidata-se deliberadamente a actividades participativas que servem a preservação da cobertura vegetal. Portanto, um grito para o programa de extensão é ouvido bem alto nos arredores. Isto pode ser reforçado através de programas de preservação dos solos, aumento da produção de culturas, proteção das pastagens e dos campos, e indústrias baseadas em produtos animais. Finalmente, é importante garantir a equidade na distribuição dos produtos florestais, juntamente com as inovações recentemente percebidas nos sistemas de utilização que maximizam o rendimento das famílias e das comunidades rurais para servir amplamente o desenvolvimento da área.

- As questões de género nas zonas rurais são críticas e sensíveis para a intrusão de qualquer tipo de actividades relacionadas com a cobertura vegetal natural. Apenas 18,9% das mulheres partilham algumas actividades relacionadas com os recursos naturais. Existe um enorme património tradicional (conhecimento e informação) detido pelas mulheres. Os constrangimentos à participação deste importante sector das sociedades locais no processo global de desenvolvimento rural incluem questões religiosas, cultura, analfabetismo, sexo, idade, participação nas decisões e grau de respeito social.

- A capacitação deste sector das comunidades pode provavelmente ser promissora se o estatuto económico das mulheres for orientado para oportunidades mais amplas de aumento do seu próprio rendimento. Proporcionar oportunidades de educação e possibilidades de enriquecer a informação e o conhecimento. É muito importante representar as mulheres nas instituições locais que partilham a tomada de decisões, afinal, isso levará a que a metade estagnada das sociedades da população rural assuma parte das responsabilidades pelo desenvolvimento das áreas locais.

- Uma das grandes portas para encontrar oportunidades de ajudar no desenvolvimento rural é a organização das comunidades locais em instituições para servir os objectivos de desenvolvimento. Apesar da existência de alguns constrangimentos, como a ignorância dos planeadores de desenvolvimento em concentrarem-se no coberto vegetal e nos seus benefícios para as comunidades rurais, as dificuldades em adotar conceitos de utilização dos benefícios das florestas e das árvores e das indústrias de pequena escala baseadas nestes produtos pelas populações rurais. As organizações rurais locais poderiam ter um papel positivo nos recursos naturais se estivessem representadas de forma equitativa para partilhar decisões em projectos que visam o bem-estar das comunidades rurais e não subestimassem o grau de perceção das inovações recentemente introduzidas.

- Outra porta bastante importante para o desenvolvimento rural é a intrusão das ONG em actividades relacionadas com o coberto vegetal e os recursos naturais. Há décadas que as ONG prestam assistência às populações rurais em domínios ecológicos. Quando os resultados são sempre baixos, é possível que os projectos planeados estejam longe das prioridades e dos problemas locais. A aceitação da assistência registou uma percentagem elevada (81,8%) entre as comunidades rurais. Ainda assim, a aceitação voluntária e a perceção das actividades seriam frutuosas se os planeadores pudessem considerar as necessidades básicas e a investigação dos problemas relacionados com a cobertura vegetal. Especialmente as prioridades das pessoas rurais pobres, como a maioria das comunidades, que estão diretamente ligadas a crises ecológicas, agrícolas e pecuárias.

- Há seis passos que foram considerados adequados e essenciais para o desenvolvimento rural. Os resultados revelaram seis palavras-chave para uma melhor perceção, adoção e sustentabilidade. As palavras foram colocadas numa sequência de acordo com a sua importância lógica;

1- Formação académica.

2- Inovação.

3- Perceção.

4- Adoção.

5- Equidade.

6- Sustentabilidade.

As abreviaturas das seis palavras acima mencionadas (primeiras letras) formam uma palavra que se lê como (**EIPAQS**). Teoricamente e na prática, se estas palavras fossem implementadas como actividades na mesma ordem, certamente serviriam o desenvolvimento rural de forma positiva nos domínios da conservação do coberto vegetal.

6.2 : Recomendações.

O coberto vegetal abrange uma vasta gama de animais perenes e plantas herbáceas. Inclui florestas, reservadas ou naturais, árvores dispersas ou cultivadas em explorações agrícolas privadas, áreas de relva abertas como faixas acessíveis à utilização por diferentes grupos em comunidades rurais. Acredita-se que tem uma influência apreciável na vida das populações locais. Seguem-se algumas das numerosas recomendações e tarefas essenciais que devem ser reavaliadas pela política governamental, pelos planeadores, pelos funcionários governamentais, pelas organizações e autoridades locais, pelos grupos de estrutura local, pelos decisores e pelos organismos influentes, a todos os níveis da estrutura comunitária, e por todas as instituições educativas.

- É importante que as instituições educativas, especialmente as escolas básicas, estejam disponíveis e sejam acessíveis a todos os grupos rurais. A sua importância não é apenas essencial para a alfabetização, mas estende-se a todos os tipos de actividades de extensão e ao seu grau de perceção para todos os projectos de desenvolvimento nas zonas rurais.

- O coberto vegetal é conhecido, ao longo da história, por satisfazer as necessidades básicas da vida de muitas formas diferentes. A racionalização da utilização deste recurso natural, juntamente com a sua sustentabilidade em sistemas de gestão adequados, é de importância vital. Os sistemas poderiam partilhar os conselhos e conhecimentos da população rural para uma melhor perceção e adoção.

- No que diz respeito ao novo contrato social encorajador e aparente para a gestão do coberto vegetal natural e às novas legislações florestais que incentivam a silvicultura comunitária. Esta nova abordagem - como princípio - é amplamente aceite. A sua aplicação poderia ser mais alargada nas zonas secas. Para os pobres, o objetivo era melhorar o seu bem-estar económico. Por conseguinte, o processo social será muito bem compreendido e não é considerado como um mero processo intrinsecamente exploratório.

- Os benefícios indirectos do coberto vegetal são sempre dominados por algum tipo de ambiguidade. O realce da importância dos PFNL para as populações rurais pobres serviria certamente para melhorar o estatuto económico dessas populações, o que, indiretamente, diminuiria a pressão sobre o coberto vegetal natural.

- O conhecimento e a informação indígenas detidos pela população local são de grande valor para o planeamento de projectos que visam o desenvolvimento rural, especialmente o conhecimento detido pelas mulheres. A participação do género (sector das mulheres) em todos os tipos de actividades relacionadas com as florestas e as árvores seria muito apreciada para o bem-estar das populações rurais.

- As organizações locais, bem como as ONG, enquanto entidades auxiliares na organização e dinamização dos assuntos comunais, poderiam partilhar de forma cuidada e conjunta o planeamento de projectos de desenvolvimento rural em matérias associadas e/ou relacionadas com o coberto vegetal.

Referências:

Abdel Mohsin Hassan El Nadi (2006). Faculdade de Agricultura, Universidade de Cartum. Documento sobre : Plano de Ação para a Investigação sobre Desertificação no Sudão. O Estado do Nilo Branco.

Abdel Salam ( ). Tese de doutoramento, Universidade do Sudão, Sudão.

Adam, H. S. (2000). Proteção da Terra contra a Aridez. In: Proceedings of Desertification and Land Deterioration , Section of Land Protection and Reclamation , Agricultural Research Corporation Wad Medani , Sept. 2000 (em árabe).

Dados da Africover (2004). GIS.Unit FNC> Khartoum , Sudão.

Africover (2001). National Forestry Corporation, Ministério da Agricultura e das Florestas, República do Sudão.

AOAD (1996). Organização Árabe para o Desenvolvimento Agrícola. Conservação e desenvolvimento dos recursos naturais da zona de Al Baja. Estado do Nilo Branco.

Astorga, L. (1992). Formação em Silvicultura Participativa. In: D'Arcy D. e Heikki G. e Varpu V. (ed) Planning and Management of Participatrry Forestry Projects. Vol. (2) 1992. FTP. Helsínquia.

Barrow E.G.C. (1996). As Terras Secas de África. Participação local na gestão de árvores. Initiative Publishers Ltd. Nairobi, Quénia.

Balgis M.E. ElAsha (2006). Role of Indigenous Knowledge in Climate Change Adaptation in Africa (Papel do conhecimento indígena na adaptação às alterações climáticas em África). Boletim Informativo da Sociedade de Silvicultura Social do Sudão. Vol. 11 No. V111 março de 2006. Sudão.

B. Lundgren (1982). ICRAF, Agro Forestry Science and Practice Series (Série de Ciência e Prática da Agro-silvicultura). Nairobi, Quénia.

Darag, A. e Suliman M. (1988). Range Management and Range Improvement. Range and Pasture Administration.

Departamento de Estatística (1993). The Fourth National Population Census. Cartum, Sudão.

D. Rocheleau (1988). Rocheleau *et al* Agro Forestry in Dry Land Africa. Nairobi, Quénia.

Localidade de Dueim (2004). Relatório Anual da Localidade de Ad-Dueim, 2004.

El Siddig , E. A. Goutbi , e El Al Asha, B. (2001). Community Based Natural Resource Management in Sudan (Gestão dos recursos naturais com base na comunidade no Sudão). Autoridade Intergovernamental para o Desenvolvimento. Cartum, Sudão.

El Siddig , E. A. (2000). Gestão de Reservas Florestais de Terras Secas no Sudão com base numa Abordagem Participativa. Desertificação se o Terceiro Milénio. Alsharhan e A.S. e outros, Países Baixos.

Falconer , J. (1997). Forestry Extension , A Review of the Key Issues (Extensão da silvicultura, uma análise das questões-chave).

FAO (1978). Silvicultura para o desenvolvimento da comunidade local. FAO

Documento florestal n.º 7. Organização das Nações Unidas para a Alimentação e a Agricultura

Nações Unidas. Roma.

FAO. (1979). Small Scale Forest Based Processing Enterprises, FAO. Roma.

FAO (1993). Sustainable Management of Tropical Moist Forest for Wood. In Challenge of Sustainable Forest Management: Technical Paper. FAO. Roma.

FAO (1994). Políticas para o desenvolvimento sustentável. Documento económico e de desenvolvimento da FAO n.º 121.

FAO (1995). Inquérito sobre o consumo de produtos florestais no Sudão. Projeto de Desenvolvimento Florestal. FAO/GCP/SUD/047/NET. Cartum-Sudão.

FAO (1998). Diretrizes para a gestão das florestas tropicais: The Production of Wood . Documento florestal da FAO n.º 135, FAO Roma.

FNC (1998a). Corporação Nacional das Florestas, Departamento de Gestão das Florestas, Relatório Anual 1998.

FNC (1998b). O Inventário das Florestas Nacionais. Corporação Nacional das Florestas. Cartum - Sudão.

Relatório florestal (2004). Relatório Anual . Administração das Florestas, Estado do Nilo Branco.

Gaiballa, A. K.*et al* **(1997)**. Survey of Natural Resources in El-Baja area, with Special Enphasis on Levels of Utilization and Management indicators for System Sustainability.

Gaiballa, A. K. e Farah, A. M. (2004). Uma Proposta de Plano de Investigação em Desertificação no Sudão: Estado do Nilo Branco: em Procedimentos do Fórum Nacional de Investigação Científica sobre Desertificação no Sudão, U of K. Khartoum março, 2004.

Garforth, C. (1992). Reaching the Rural Poor.ARevision of Extension Strategies and Methods. In: D'Arcy D. e Heikki, G. e Varpu V.(ed). Planning and Management of Participatory Forestry Projects (Planeamento e Gestão de Projectos de Silvicultura Participativa).

Gebre, T. (1991). Comunicação de extensão e cultura rural. In: D'Arcy D. e Heikki, G. e Varpu V.(ed). Planning and Management of Participatory Forestry Projects, Vol. (2) 1992. FTP. Helsínquia. Finlândia.

Granholm, M. (1991). Rapid Rural Appraisal, In: D'Arcy D. e Heikki, G. e Varpu V.(ed). Planning and Management of Participatory Forestry Projects, Vol. (2) 1992. FTP. Helsínquia.

Harrison e Jackson (1958). Ecological Classification of Vegetation (Classificação ecológica da vegetação). Comité de Publicações Agrícolas do Sudão, Cartum, Sudão.

Ibrahim A. , Mirghani (2000). Past, Present and Future Afforestation, Reforestation and Tree Management Models for Farmland in the Sudan. Workshop sobre Gestão de Árvores para Reabilitação e Desenvolvimento de Terras Agrícolas, 27 de outubro - 7 de novembro, Khartuom Sudão.

Ibrahim , F. N. (1984). Desequilíbrio Ecológico na República do Sudão com Referência à Desertificação em Darfur Vol.6: Bayreuth, Alemanha.

FRA (2000). Avaliação global dos recursos florestais.

Gilmour, D. e **R. J. Fisher (1987).** Action Research into Socioeconomic Aspedcts of Forest Management. Simpósio, Paquistão.

ICRAF (1988). Conselho Internacional para a Investigação em Agroflorestação. Agro forestry, Science and Practice Series. Nairobi, Quénia.

Kerkhof, P. (2000). Local Forest Management in the Sahel : Towards A New Social Contract SOS Sahel International , UK, London.

Kobbail Amani, A. (1996). Aspectos sociais e de gestão da silvicultura comunitária na área de Kosti (Sudão Central). Tese de Mestrado. Universidade de Khartuom.

King, J. B. (1978). The Extension Methods and Strategies. Longman, Londres.

Smith V. (1995) . Silvicultura Comunitária, Colocar Novas Atitudes em Ação. Boletim informativo da silvicultura comunitária da Ásia-Pacífico 8. Leitura.

Shepherd G. (1995) . G. Shepherd e D. Brown. Revisão da Quinta

Relatório anual da AERDD sobre a conservação das florestas comunitárias. 1995. Leitura.

Wallace I. (1995) . Movimento de cultivo: questões de formação participativa para o desenvolvimento. Boletim de Extensão Rural 6. Reading , AERDD. REINO UNIDO

Zahran, B.B.(2005). Fiabilidade das actuais técnicas de avaliação do alcance em pastagens semi-áridas. Tese de doutoramento, Universidade do Sudão, Sudão.

Zaroug *et al* (1996). Proteção dos Recursos Naturais na Área Pastoral de Baja e seu Desenvolvimento: Estado do Nilo Branco, Organização Árabe para o Desenvolvimento Agrícola. Desenvolvimento; Cartum 1996. (em árabe).

Zaroug, M. G. (1993). Melhoria e desenvolvimento das terras de cultivo nos países do Corno de África e o seu papel no combate à desertificação.

Printed by Books on Demand GmbH, Norderstedt / Germany